冯文蔚 © 编著

杨澜给女人的

24堂幸福课

精彩杨澜，给女人带来关于幸福的饕餮盛宴；一步一脚印，榜样杨澜，带女人走上寻找幸福的芳香之旅。

北京工业大学出版社

图书在版编目（CIP）数据

杨澜给女人的24堂幸福课／李文静编著. —北京：北京工业大学出版社，2009.10

ISBN 978-7-5639-2151-5

Ⅰ.杨… Ⅱ.李… Ⅲ.女性–人生哲学–通俗读物 Ⅳ.B821–49

中国版本图书馆CIP数据核字（2009）第153983号

杨澜给女人的24堂幸福课

编　　著：李文静
责任编辑：王勇华
封面设计：潘　峰
出版发行：北京工业大学出版社
地　　址：北京市朝阳区平乐园100号
邮政编码：100124
电　　话：010-67391106　010-67392308（传真）
电子信箱：bgdcbsfxb@163.net
承印单位：北京京都六环印刷厂
经销单位：全国各地新华书店
开　　本：787mm×1092mm　　1/16
印　　张：14
字　　数：186千字
版　　次：2010年1月第1版
印　　次：2010年1月第1次印刷
标准书号：ISBN 978-7-5639-2151-5
定　　价：25.00元

"幸福号"起航

说起杨澜，相信我们都不会觉得陌生。提到杨澜这个名字时，我们头脑中首先闪现的就是那张美丽大方的脸庞和自信、知性的微笑。从《正大综艺》到《杨澜视线》，从《杨澜工作室》到《杨澜访谈录》，从创办了大中华区第一个以历史文化为主题的卫星频道——阳光卫视到大型谈话节目《天下女人》，从华盛顿的肯尼迪表演艺术中心的舞台到联合国总部的特奥论坛……杨澜的精彩让天下女人羡慕不已。

不仅如此，杨澜还有个幸福的家庭，有深爱她的丈夫和两个可爱的孩子。她拥有了女人梦寐以求的一切——在30多岁时就已经开创了成功的人生。在事业上是人间的龙凤、在家庭里是妻母的典范，这样的一个杨澜无疑就是一个幸福女人的代言人。

有位哲人说："由古至今，人类一部煌煌文明发展史，唯一的动力和能源即是——追求幸福。"的确，我们每个人终日都在为学习、恋爱、事业、名利、子女而苦苦奔波，其目的也是为了"幸福"二字。那么，究竟何为幸福呢？

在电影《求求你，表扬我》当中，当王志文问范伟这个问题的时候，一脸憨厚的范伟想了想说："幸福就是——我饿了，看别人手里正拿着一个肉包子，那他就比我幸福；我冷了，看别人穿了一件厚棉袄，那他就比我幸福；我想上茅房，就一个坑，你蹲那儿了，那你就比我幸福……"

一笑之余，我们似有所悟。关于幸福，每个人都有着不一样的体验。对呻吟的病人来说健康就是幸福，对风烛残年的老人来说活着就是幸福，

对顽皮的孩子来说得到一件心爱的玩具就是幸福，对流浪街头的盲人来说有家就是幸福，对苦读的学子来说金榜题名就是幸福，对失恋的青年来说被人爱着就是幸福……

幸福并不是世间的稀缺品，它如同阳光普照大地一样惠及万物生灵。它又似一杯透明的水，虽淡然无味，口渴之人却能品出其中的甘甜。幸福就像随处可见的阳光，就在你的身边——它是家庭餐桌上的欢歌笑语，是你生病时亲友一句亲切的问候和祝福，是花前月下情人的牵手漫步，是和心爱的人一起白头到老……

对于幸福，我们从未停止过追逐的脚步。然而，就像卞之琳的《断章》所写的那样，我们常常看到的风景是：一个人总在仰望和羡慕着别人的幸福，一回头，却发现自己正被别人仰望和羡慕着。其实，每个人都是幸福的。只是，你的幸福常常在别人眼里。

怀着尽早寻找到幸福密码的希冀，现在，我们就跟随杨澜一起开启"幸福号"航船，踏上寻找幸福的芳香之旅吧！

目录
Contents

目录
Contents

目录
Contents

目录
Contents

第五篇　幸福晋级：
##　　　以"大女人"的心态去生活

目录
Contents

目录
Contents

目录
Contents

目录
Contents

第一篇
每个女人都在问：幸福到底是什么

在繁华的城市中，每天都会有许多人，在忙碌中，匆匆寻找着自己的方向。一位哲人说："由古至今，人类一部煌煌文明发展史，唯一的动力和目的即是——追求幸福。"的确，我们每个人终日都在为学习、恋爱、事业、名利、子女而苦苦奔波，其目的也是为了"幸福"二字。然而，每个女人都忍不住要问：幸福到底是什么呢？

Lesson1
阳光一路盛开，
幸福一直都在

幸福没有固定的面孔

在一次采访中，记者赞扬杨澜是成功女性的典范，称她事业顺利、家庭幸福。杨澜听到这里嫣然一笑，表示自己不愿意做典范，她说："每个女人都有她对幸福的诠释，我也想做幸福的女人。幸福应该是一种动态的，有时候很顺利，有时候有压力，这样的生活才值得过。"走过鲜花，也走过荆棘，杨澜说她对幸福有了更深的理解，幸福不是洋房轿车，不是美食华服，也不是赞美和颂扬，幸福从来都没有固定的面孔，它有着最丰富的内涵。

幸福，每个人都在寻找，但我们首先要知道幸福到底是什么。法国小说家方登纳在《幸福论》中阐述的定义是："幸福是人们希望永久不变的一种境界。"也就是说，如果我们的肉体与精神所处的一种境界，能使我们想，"我愿一切都如此永存下去"，或像浮士德对"瞬间"所说的，"哟！逗留一下吧，你是那样美"，那么我们无疑是幸福的。

有一则小幽默说：

一位青年学者去请教他的导师："幸福是什么？"导师说："幸福是一种感觉，就像甜甜的笑。"学者去问一个衣衫褴褛的乞丐，乞丐说："幸福是所有人都向我的碗里放钱，面值越大我越幸福。"学者去问一名惯犯，惯犯说："幸福是得到自由。"然后低声在学者耳边说："是下次犯罪时不会被抓到。"学者又去问另一位学者，对方说："幸福是……"他停顿了一下，说："是你的研究报告署上我的大名。"

大笑之余，我们似有所悟。关于幸福，每个人有着不一样的体验；对幸福的诠释，不同的人有不同的评点，譬如文学家、哲学家、政治家就定义不一。这取决于一个人的知识底蕴和他的思想境界。

"目送归鸿，手挥五弦，俯仰自得，游心太玄"，是魏晋名士嵇康的幸福；"人生得意须尽欢，莫使金樽空对月"、"且放白鹿青崖间，须行即骑访名山"，是"诗仙"李白的幸福；"安得广厦千万间，大庇天下寒士俱欢颜"，是"诗圣"杜甫的幸福。

法国大思想家卢梭曾说："人间最大的幸福莫如既有爱情又清白无瑕。"一代伟人林肯认为，对于大多数人来说，他们认定自己有多幸福，就有多幸福。贝多芬呐喊："我的艺术应当只为贫苦的人造福。啊，多么幸福的时刻啊！当我能接近这地步时，我该多么幸福啊！"俄国作家屠格涅夫告诫我们："你想成为幸福的人吗？但愿你首先学会吃得起苦。"美国总统罗斯福表示，幸福不在于拥有金钱，而在于获得成就时的喜悦以及产生创造力的激情。可见，不同的人对幸福有着不同的诠释。

在不少人眼里，拥有金钱、地位就等于幸福。事实果真如此吗？一项权威调查表明，年薪在100万以内的人群，钱越多越能感到幸福，而年薪在100万以上的人群，就会越来越难感觉到什么是幸福。《南方周末》曾就60位国内顶尖富豪的精神世界进行了一次调查，这些人算得上是最成功的人吧，可调查结果却出人预料：竟有70%的富豪认为财富给自己带来

了"不安全感"，不是快乐，而是害怕和担心。

其实，幸福就是你的一种身体和心理的快乐感受，是你身心的舒适、自由和摆脱了欲望羁绊后的无忧无虑。幸福是可遇不可求的。幸福是知足，是豁达，是短暂的满足与快感。幸福是享受自由，也给他人自由。幸福不分性别，不依赖于年龄，不取决于财富……总之，幸福是发自个人内心的感觉，在于我们的体会。

正像杨澜所说的，幸福应该是一种动态的，有时候很顺利，有时候有压力。每个人对每一种事物、每一天的生活都会有自己独特的感受。能在这种属于自己的独特感觉中体味到满足与愉悦的人，就是一个领悟到幸福真谛的人。

简单就是幸福

同很多人一样，初入职场时的杨澜也是雄心勃勃地想做出一番大事业，也曾经为此而忙得忘了应该怎么去"生活"。同大多数人一样，她也固执地认为幸福在高处，需要我们不断地向上攀爬，才能离它越来越近。但经过鲜花，经过掌声，走过挫折，走过阴影，如今淡定的杨澜最真切的感受却是：幸福原来很简单，它不在高处，也不在远处，如果你多留点心，就会发现幸福其实很简单。尤其是在做了母亲之后，杨澜减少了工作量，尽量抽时间与家人在一起。很多人说杨澜是当今社会女性的典范，但杨澜自己却并不认同，也并不以此为自己的人生目标，因为她最想做的是一个简单、幸福的女人。

好莱坞著名导演史蒂芬曾经说过："我到过许多地方，发现世上许多人的生活比我们简单得多，然而却能体现他们自身的价值，更平静、更悠闲。自然的生活原本是简单的生活，但是，我们的文化鼓励我们竞争，让我们一忙再忙。我们已经看不到窗外的阳光，听不到树林的声音，甚至无

法一心一意地去做一件小事情。"对于这样的"忙人"来说，感受幸福已经成为一件很奢侈的事情了。

乔·吉拉德被誉为世界上最伟大的推销员，他每年所卖出去的汽车比其他任何经销商都多。当有人问及乔·吉拉德成功的秘诀时，他坦言相告："我每个月要寄出1.3万张卡片。有一件事许多公司都没能做到，而我却做到了，我给每一位客户建立了销售档案，我相信销售真正始于售后，并非在货物尚未出售之前……顾客没有踏出店门之前，我的儿子就已经写好'谢谢惠顾'的短札了。"

乔·吉拉德每个月都会给客户寄一封不同格式、不同颜色的信封的信（这样才不会像一封"垃圾信件"一样，在没有被拆开之前，就被扔进垃圾桶），顾客打开信后，信一开头就写着："我喜欢你！"接着写道："祝您新年快乐！乔·吉拉德敬贺。"2月他会寄一张"美国国父诞辰纪念快乐"的卡片给顾客……顾客们感动之余，不但自己买了车，而且还会将乔·吉拉德介绍给朋友。做法如此简单，但这就是他成功的最大秘诀。

恢复简单的心境，用简单的思想经营生活，也能有风情万种的体验。自然，很多人对"简单"有一定的误解，觉得"简单的生活"就是清苦和贫穷，是受罪的代名词。可要知道，并不是奢华的东西才能让我们感觉到精神上的富有，也并不是大房子和汽车才能够充盈我们的心灵。有时候，一顿简单的晚餐、一句简单的问候、一张小小的卡片，或者一首简单而又甜美的小诗，就能够满足我们的内心，让我们感受到生活的幸福。

生活不需要很奢华，简单的人生可以恰到好处地诠释幸福。丽莎·茵·普兰特说过，"简单不一定最美，但最美的一定简单"。由此可见，最美的生活也应当是简单的生活。在西方社会，简单主义正在成为一种新兴的生活主张。因为大多数的生活以及许多所谓的舒适生活，不仅不是必不可少的，而且是人类进步的障碍和历史的悲哀。在这种情况下，人们更愿意选择另一种生活方式——简单而真实的生活。

一天夜里，玛丽在她的无电的小屋中和家人围坐在火炉前望着窗外的星空，静静地聆听，静静地观察。在那次意外的停电中，玛丽和她的家人对黑暗所带来的神秘和欢喜的体验印象深刻。黑暗给人们带来的不仅有神奇的萤火虫，还有城市的静寂、久违的家庭温馨和邻里的关怀。

当你用一种新的视野观察生活、对待生活时，你会发现许多简单的东西才是最美的，而许多美的东西正是那些最简单的事物。

人的一生难免会有许多欲望和追求，如追求真理、追求理想的生活、追求刻骨铭心的爱情、追求金钱、追求名誉和地位。有追求就会有收获，我们会在不知不觉中拥有很多，有些是我们必需的，而有些却是完全用不着的。那些用不着的东西，除了满足我们的虚荣心之外，还会将我们的心灵弄得烦躁不安。就好像带着背包去旅行，装的东西越多，自己的脚步就会越沉重。所以，与其让自己在疲惫与痛苦中前行，不如将心里的包袱放下，就做最简单的自己，就做最幸福的自己。

时下有一个非常流行的理论，得到了大家广泛的认同。这个理论把天下所有的事分成了三件事：一件是"自己的事"。诸如：上不上班、吃什么东西、开不开心、结不结婚、要不要帮助人……自己能安排的事皆属之。一件是"别人的事"。诸如：小王好吃懒做、小李婚姻不幸福、老张对我很不满意、别人不感激我对他的帮助……别人主导的事情皆属之。一件是"老天爷的事"。诸如：会不会刮风、下雨、地震、发生战争……人能力范围以外的事情皆属之。

人的烦恼主要来自：忘了自己的事、爱管别人的事、担心老天爷的事。因此，要轻松自在很简单：打理好"自己的事"，不去管"别人的事"，别操心"老天爷的事"。

记住这个理论，你的生活就会简单许多，而生活越简单，你就越快乐，也就越幸福。

阳光一路盛开，幸福就在身边

从《正大综艺》到《杨澜视线》，从《杨澜工作室》到《杨澜访谈录》，从创办了大中华区第一个以历史文化为主题的卫星频道——阳光卫视，到大型谈话节目《天下女人》，从华盛顿的肯尼迪表演艺术中心的舞台到联合国总部的特奥论坛……杨澜的精彩让天下女人羡慕不已。

不仅如此，杨澜还有个幸福的家庭，有深爱她的丈夫和两个可爱的孩子。她拥有了女人梦寐以求的一切：事业、家庭、名誉、地位。在事业上是人间的龙凤，在家庭里是妻母的典范，这样的杨澜无疑就是一个幸福女人的代言人。而拥有这一切的杨澜却说，幸福不是你得到了多少，而是你计较的有多少。

我们的一生都在追求幸福，实际上幸福也时刻伴随着我们，只不过很多时候，我们身处在幸福当中却忘了它的存在。在生活中每个女人对幸福的诠释各有不同。许多时候，许多女人往往对自己的幸福熟视无睹，而觉得别人的幸福却很耀眼。

然而，尽管她们没有感觉到自己的幸福，但幸福的确实实在在地存在着，有时候真实的幸福恰恰不是先求而后得，而是在困境之中与之邂逅的。例如，一个女人一直抱怨没有鞋穿，当她见到没有脚的人之后，她因自己的健全而体味到了幸福；一个失恋者被痛苦折磨得死去活来，当她见到一个失去双臂的人用脚写字、缝衣服的时候，她突然觉悟到失去一位心上人比起失去双臂来说实在是微不足道，因为虽失掉了心灵揽系，终究还能重新振作起精神，她从振作精神中体味到了幸福。

女人最难能可贵的是明白自己追求的是什么，付出的是什么，从而正确地作出自己的选择，快乐地享受自己的幸福。

从前，有一个公主总觉得自己不幸福，就向别人请教如何能够让自己

变得幸福。别人告诉她找到一个感觉幸福的人，然后将她的衬衫带回来。公主听后派自己的手下四处寻找自认为幸福的人。手下碰到人就问："你幸福吗？"回答总是：不幸福，我没钱；不幸福，我没亲人；不幸福，我得不到爱情……就在她们不再抱任何希望时，从对面阳光普照的山冈上，传来了悠扬的歌声，歌声中充满了快乐。她们寻着歌声走了过去，只见一个人躺在山坡上，沐浴在金色的暖阳下。

"你感到幸福吗？"公主的手下问。

"是的，我感到很幸福。"那个人回答说。

"你的所有愿望都能实现，你从不为明天发愁吗？"

"是的。你看，阳光温暖极了，风儿和煦极了，我肚子又不饿，口又不渴，天是这么蓝，地是这么阔，我躺在这里，除了你们，没有人来打搅我，我有什么不幸福的呢？"

"你真是个幸福的人。请将你的衬衫送给我们的公主，她会重赏你的。"

"衬衫是什么东西？我从来没见过。"

幸福是一种心态，一种自我感受，就像上面故事中那个躺在山坡上的人，他连衬衫都没见过，可以说在物质上他很贫穷，可是在精神上却很富有，因此他感到很幸福。

在现实生活中，有钱人的物质生活十分优越，这是不争的事实，但是有钱人不一定拥有幸福。我们可以追求金钱，但是幸福生活的标准本身并不是由那些富人们定出的。金钱本身并没有错，错的是我们的态度。也许我们终生都不能够大富大贵，但这并不意味着我们在自己平凡普通的生活中就找不到幸福，找不到健康的身体、充满活力的心、相亲相爱的家人和志同道合的朋友。

幸福并不是世间的稀缺品，它如同阳光普照大地一样惠及万物生灵。它又似一杯透明的水，虽淡然无味，口渴之人却能品出其中的甘甜。幸福就像随处可见的阳光，只要用心，你伸手就可触摸到。

第二篇

整装待发：内外兼修，
破译幸福的密码

　　什么样的女人最幸福？也许有人要说，美丽的女人最幸福；也许还有人说，气质高雅的女人最幸福。那么就让我们来听听荣登"2007年中国最美50女人"榜首、作为东方优雅气质代言人的杨澜是如何来诠释美丽与气质的吧！

Lesson2
美丽杨澜，领跑
"2007年中国最
美50女人"

美丽白天鹅，曾经也是丑小鸭

2007 年 7 月，在由第六届中国国际美容时尚周组委会、北京电视台等 19 家主流媒体联合评选的"2007 中国最美 50 女人"中，杨澜位居榜首。是杨澜的美貌力压群芳获得了这一殊荣吗？答案显然是否定的。单论外表，杨澜不是最美丽的，但她的智慧、知性和典雅大方让人觉得这才是真正美丽的女性。

我们来听听杨澜自己的说法："我想'漂亮'一般不光是指外貌，我觉得女人的美丽更主要是在思想方面。我曾经问过许多大导演：'你们整天生活在美女堆里，是不是老要动感情？'他们就说：'没有，许多女人只有漂亮的脸蛋，根本没法触动我们。'所以，一个女人的思想很重要，如果跟不上时代，总以为擦脂抹粉就可以留住男人的心，我觉得那是一种妄想。只有在思想上不断挑战他，才会给男人一种新鲜感和刺激感，这非常重要。"

的确，就像杨澜说的，她曾经也是个丑小鸭。杨澜出生后，爸爸正在阿尔巴尼亚做外援专家，妈妈也要到"干校"学习，于是杨澜就被外婆带到了上海去抚养。在外婆的唠叨和疼爱中杨澜度过了她的童年时光。后来一家人在北京团聚，但父母从来不过多过问她的学业情况，也从不刻意培养她，并未对她寄予很高的期望。杨澜像普通的女孩子一样，没有特别出众的外表，也没有过人的聪明才智，但杨澜有着天生不服输的毅力和百折不挠的坚忍，这让她在今后的成长中获得了智慧和才华，正是丰富的思想内涵让她蜕变成了白天鹅，成为众多人心目中"美"的代名词。

可见，美的含义，不仅仅局限于视觉，还在于精神上的享受。所以，人们在乎的，并不是你有没有漂亮的脸蛋和迷人的身材，而是你是否拥有丰富的思想内涵，如，是否对幸福有追逐的信仰，是否能够热情地对待他人，诚实地对待自己，是否有勇气去战胜生活的挫折，在经历痛苦的时候不放弃……

问世间能有几个西子玉环？如果我们每一个女人都以相貌来评价自己，那么，我们都会成为美的奴隶，都会为了追求那块可望而不可即的精神圣地而迷失自己。林清玄在《生命的化妆》一书中说到女人化妆有三层。其中第二层是改变体质，让一个人改变生活方式、睡眠充足、注意运动和营养，她的皮肤才会改善，从而精神充足。第三层是改变气质，多读书、多欣赏艺术、多思考，乐观地对待生活，心地善良。可见，独特的气质与修养才是女人永远美丽的根本所在。

花瓶摆对了位置，就是艺术品

西方有句谚语："你就是你所穿的（You are what you wear）！"不可否认，我们每天都在"以貌取人"。我们戴着印有自己标准的眼镜打量着五光十色的人们，然后我们会根据自己的观察，从对方的外貌上得出有关他

的一切遐想：学历、职业、社会地位、家庭背景……

杨澜就外貌的问题曾经对二十几岁的女孩子说过这样的话：

"女孩到了二十几岁后，就要开始让你的美貌发挥作用了，在适当的时候让你的美貌掌握足够的发言权。漂亮的外貌并不是每个女孩都拥有的，让漂亮的外貌成为你的资本，在需要的时候使用一下，它可以打破你人生中的很多困境，虽然有时候有人说漂亮的女孩都是花瓶，但是花瓶如果摆在了合适的位置，它就是艺术品。女孩的青春美貌也只是短短的数年，所以要善于利用你的美貌。但是女孩不能因为有了美貌就可以陷入自满中，有着美丽的外表又有着智慧的内在才是优秀的女人，请女孩们合理利用自己的美貌，千万不要因为自己的短暂的美貌而让自己沉沦。"

当然，就像杨澜所说的，漂亮的外貌并不是每个女孩都有的。天生的容貌无法改变，但我们却可以通过后天的修饰，让自己看起来优雅得体。别再认为毫不修饰就是最自然、最美的，学会使自己看起来更漂亮才是每个女人都应该修满的学分。美丽就是生产力，好的形象就是你成功路上的东风。

女人都是美的，俗话说："没有丑女人，只有懒女人。"要做个美丽的女人，首要条件便是勤快，勤化妆，勤保养。女人美容，不为取悦男人，不是虚荣，而是女人热爱生活与维护自尊的表现。美容让女人绽放光彩，美容让女人容光焕发，美容让女人充满自信，笑迎未来。

俗话说"天生丽质有几人"。一个女人除了老天爷给的漂亮脸蛋外，还要用自己的聪明使自己变得更加光彩照人。一个精通化妆之道的女人才是一个真正懂得把美貌转化为生产力的人。你需要不断培养自己的审美鉴赏能力，通过观摩书报、杂志、影视作品中人物的化妆技巧，细心体会，日积月累，找到适合自己的化妆之道。平常多了解化妆方面的专业知识，为自己添置一些品质不错的化妆品和工具，反复练习，直到能够化出正确、精致、和谐的妆容。

所以说，学会把自己装扮得更美一点，不仅是一个女人积极生活的表现，也是一个女人追求幸福的表现。

美来自内心，美源于生活

我们经常把随着年龄增长但魅力不减的女性称为"时光雕刻的美丽"，即是说她们的美丽是经得起时间考验的。杨澜就曾经这样说过："我觉得年轻的美是一种生命的美，它的朝气就是最美的地方。慢慢的，随着生命的运转，美就变得越来越复杂了。我觉得女人不要失去单纯，阅历丰富但不世故才会带来一种成熟的美。"

对于获得"2007中国最美50女人"第一名的荣誉，杨澜坦言她自认为长得很一般，但她从未因为没有"花容月貌"而难过，反而觉得长相一般的女人更容易在其他方面努力。因为知道自己不管如何打扮都不可能光芒四射，那只好多看几本书，多做些别的事了。也正是因为她的知性，其高贵、典雅的气质随着时间的积淀越发显现出特有的魅力，使得已过40岁的杨澜成为众人心目中最美的女人。

人的美丽有两种最基本的划分：一种是外在的形貌美，一种是内在的心灵美。人的外在美是人自身美的凝聚和显现，它既能给本人以极大的心理满足和心理享受，又能给他人以审美美感，使人赏心悦目。追求外在的形貌美，是人的天性，不应加以禁锢、压抑，而应该从美学上加以积极引导。而心灵的内在美可以给人留下难以磨灭的印象，它操纵、驾驭着外在美，是人之美的源泉。正因为有了内在美，人才能真正成为完美的人，才能让人产生由衷的美感。孟子将内在美理解为"充实"，"充实之谓美，充实而有光辉之谓大"，人们如能"善养吾浩然之气"，就能不局限于有限的身体而飞跃到内心充实的境界。所以，内在美比外在美更具有无可比拟的深度与广度。

近代才女林徽因虽然在晚年饱受病痛折磨，憔悴不堪，但她由于饱读诗书而造就的那种清灵超逸的气质却打动了无数的人。直到今天，我们依然将对她的回忆定格在她那张灵秀的笑脸上，并由此充溢着对唯美的憧憬。

由此可见，真正的美源于内心，源于真实的生活。注重内在的修养对女性来说是至关重要的，相由心生，我们的容颜和气质最终是靠内心来滋养的。美丽需要长年累月的培植，俗话说，30岁前的相貌是天生的，30岁后的相貌靠后天培养。红颜易逝，但源于内心和生活的美可以永存。

Lesson3
知性杨澜，
东方女性优雅
气质的典范

气质，女人最想要的"抢手货"

在谈到杨澜位居"2007中国最美50女人"榜首时，我们就已经说过，杨澜之所以获得这一殊荣，靠的并不是艳压群芳的美貌，而是她聪慧、知性的气质魅力。尤其是在担任北京申办2008年奥运会的形象大使时，杨澜所展示出的优雅、大方和智慧的形象，让她在国际舞台上成为东方女性气质的典范。

可见，气质对女人来说具有非凡的意义。一个女人只要插上了气质的翅膀，就会神采飞扬、楚楚动人起来。著名化妆品牌羽西的创始人靳羽西说过："气质与修养不是名人的专利，它是属于每一个人的。气质与修养也不是和金钱、权势联系在一起的，无论你从事何种职业、处于哪个年龄段，哪怕你是这个社会中最普通的一员，你也可以有你独特的气质与修养。"气质，是一种内涵的呈现，也是一个人自信的象征。相信谁也不希望自己会被他人看起来像个落魄的失败者，一个在气质上就看起来像个成

功者的人，通常做事时遇到的阻碍也会少几分。

对女人而言，气质是一种永恒的诱惑，因为气质不是靠外貌就能获得的，而是要拥有丰富的智慧与常识，拥有傲人的气度与素质，需要的是全方位的修养和岁月的沉淀。气质像一抹梦中的花影，像一缕生命的暗香，渗透进女人的骨髓与生命之中，让她们在面对岁月的无情流逝时，仍然能够拥有一份灵秀和聪慧、一份从容和淡泊。

那么，女人应该如何修炼自己的气质呢？

1.学会充实自己

女人要懂得自我欣赏，但不能自以为是，盲目自我崇拜，那样比自卑的女人更可怕。要成为气质高贵的女人，最重要的一条，就是由内而外散发出文化气息，这不只是单纯地看书、学习，还包括诸如上网浏览、交流，欣赏一部好电影，经常翻阅一些出色的时尚杂志、学学电脑和英文等。只有不断提高修养，女人才能在绚丽的生活中游刃有余、潇洒自如，生活也将因此更加丰富多彩。

2.学会了解自己

女人要学会了解自己。只有了解自己的优势和不足，明确自己的人生目标，才不会整天抱着自己的小毛病郁郁寡欢。但是这并不是说只看见自己的优点，而是说要尽量发挥自己最大的优势，同时忽视那些无关紧要的小缺点。

3.展示女性的温柔

女性要展示温柔的气质，要注意自己的涵养，要忌怒、忌狂，能忍让、体贴人。盛气凌人、傲气十足的女性往往会使男人敬而远之。但是，温柔并非沉默，更不是逆来顺受、毫无主见。温柔表现在通情达理、富有同情心、吃苦耐劳、善良、细致等女性个性之中。

4.培养高雅的情趣

高雅的情趣也是女性气质美的一种表现。爱好文学并有一定的表达能

力、欣赏音乐并且有较好的乐感、喜欢美术且有基本的色彩感、有一定的艺术气质，这些都会使女性的生活充满迷人的色彩。

5. 展示最真实的自我

在现实生活中，真实的你是最能打动人的，因为这样的你有血有肉，有喜怒哀乐。真正有修养的人，气质是从骨子里透出来的，绝不是矫揉造作。所以，女性一定要学会接受自己的外貌，对别人热情，仪态端庄，充满自信，保持幽默感，不要惧怕显露真实的情绪。

掌握了以上 5 个秘诀，就会让你找到属于自己的魅力标签，修炼成具有独特气质的女人。像杨澜一样精彩，你也可以做得到。

书才是女人最好的化妆品

书就像一把金钥匙，帮助女人开阔视野，净化心灵，充实头脑。书让女人变得聪慧，变得坚忍，变得成熟。外表对于女人固然重要，但更重要的是心灵的滋润。读些好书，会让女人保持永恒的美丽。爱读书的女人，不管走到哪里都是一道风景。也许她貌不惊人，但她的美丽是骨子里透出来的。她谈吐不俗，仪态大方，能给人以无限的美感。正因为如此，杨澜曾告诉年轻的女孩子，一定要养成读书的习惯，她说道：

"女孩到了二十几岁后，就已经开始慢慢接触社会了，在与别人交往的过程中，谈吐与修养是最能征服别人的。我不相信一个不喜欢看书的女孩会是充满智慧的。没事的时候，去书店逛逛，认真挑几本可以提升自己的书籍买回家阅读，不管是名著还是理财方面或是励志方面的，都有值得我们学习的地方。书可以让人们的生活丰富，也可以让人们的思想改变，选择阅读一本好书，胜过一个优秀的辅导师。

"喜欢看书的女孩，她一定是沉静且有着很好心态的人，因为在书籍的海洋里，女孩可以大口地吸收营养。喜欢看书的女孩，她一定是出口成

章且优雅知性的女人。认真阅读，可以让心情平静，而且书籍里暗藏着很大的乐趣，当遇到一本自己感兴趣的书时，会发现心情是愉悦的，而且每一本书里都有着很大的智慧，阅读过的书籍都会是女孩社交的资本，相信没有人会喜欢与一个肤浅的女孩交往。选择了合适的书本，它能够教会人很多哲理，并让你学会以一种平和的心态去迎接生活里的痛苦或快乐。"

的确，正像杨澜所说的，读书可以丰富人的思想，滋养人的心灵，让女人以更加智慧、更加优雅的方式去生活，而且读书还为女人的美丽增添了厚重的文化底蕴和质感。正如一位女作家所说，或许获得美丽有多种途径，但阅读是其中有效的、不昂贵的、不需求助他人的捷径。

那么，在浩如烟海的书籍中怎样选择适合自己阅读的好书呢？

我们要知道书有很多种，如同朋友有很多种一样。

一种是知己。你可以和她进行深层的谈话，交流各自的想法，人生的、事业的、感情的。她能为你点一盏灯，灯光是明亮的，仿佛穿透了你的内心。只是期盼的轻松氛围会被这种严肃而绝对的气氛吓跑，隐隐地总觉得缺点儿什么，稍显沉重。比如，一些哲学专著，像《沉思录》、《道德情操论》等著作，初读来总觉晦涩，但书中至理又何尝不是前人留下的生活财富？

一种是至交。与她交往会觉得身心愉悦且互相受益，公平而有价值，不必隐瞒或吹嘘，不必委屈或失去自我。你们是独立的，也是一体的。就像一本好书，令人爱不释手又不会成为别人思想的跑马场。一些非常有格调的艺术作品就属于这一类，值得反复欣赏，永不会令人感到厌倦。像《红楼梦》、《飘》、《简·爱》等名著值得女人用一生去咀嚼。

还有一种是玩伴。她可以陪你度过闲暇的时光，放下一切而舒展身心，给你最真的快乐感受。你无须向她提及工作、学习、未来发展之类的话题，因为她只是一个伴儿，一个从童年最初友谊中延伸下来的伴儿，那种原始的快乐是有条件和期限的。比如一些畅销书，一些引人入胜的小

说，在品读的过程中，可以让你体味阅读的乐趣。不过，它们的深度毕竟有限，读过就可以放下了，不必怀念。

最后一种就是泛泛之交。可有可无，可多可少。她们游荡在你的世界的边缘，有时候会进入你的生活圈里扮演一个角色，有时候在她们自己的世界里扮演另外一个角色。不是她们不够好，是她们彼此太相像了，你甚至找不到一个让自己心动和想念的理由。像一些面向底层大众的通俗读物，文字浅显，整体感觉也较粗糙。即使有很多人都在看它，也不值得你浪费时间和精力在上面。

了解了这些，接下来，你就可以从这些朋友中精选一些，永久地放入自己的书架了。时时阅读，把生活读成诗，把人生读成散文。正像余秋雨先生说的："读书可以使自己成为一个健全的人、可爱的人、健康的人。"读书也可以让女人成为一个智慧的人、一个幸福的人。

优雅气质离不开大方的仪态

说到杨澜，她那智慧与优雅并存的淑女形象早已被大家熟知。而她在"2006 中国电视主持人盛典"上、在澳大利亚悉尼歌剧院里、在华盛顿的肯尼迪表演艺术中心舞台上、在联合国总部的特奥论坛上、在一系列万众瞩目的国际舞台上所展现出的完美仪态正是对她优雅气质最好的诠释。

优雅的气质离不开大方的仪态。一个幸福的女人同时也是一个深谙礼仪之道的女人。因为礼仪能够起到美化形象的作用，它要求人们在人际交往中树立良好的形象，其内容十分丰富，包括礼貌、礼节和仪容、仪表美两个部分，如仪表整洁大方、服饰得体、待人有礼貌、谈吐文雅、举止端庄、尊重他人等。总之，只有仪表举止合乎文明礼仪，才能使人乐于与你交往，人与人之间的关系才会趋于融洽。

有"台湾第一美女主播"之称的侯佩岑拥有成千上万的支持者，不单

单因为她的美丽，更因为她的教养、她的内涵、她的文雅以及富有亲和力的仪容仪态。

在一次内地电视台制作的访谈节目中，侯佩岑身着白色吊带及膝裙、银色高跟鞋，妩媚又不失雅致，巧笑嫣然地坐到镜头前，笔挺端正。当数家电视台架起摄像机，现场做起"焦点访谈"时，她总是兵来将挡，水来土掩，基本上是问题抛过来，答案立刻脱口而出。现场有人送她饰物、"鸭脖子"、自制相框等礼物，她总是非常真诚地表示谢意："谢——谢，谢——谢！"虽然是标准的港台腔，却不会使人觉得生分。她的一举一动都充分彰显出她的礼节，直到节目结束，她脸上的笑容也不曾褪去。

对一些敏感话题她也没有不礼貌地用"无可奉告"来摆脱尴尬，而是非常得体而诚恳地作答，让观众了解她的内心，并引起共鸣。有人问到她对爱情的看法，她说："每一个女孩子都憧憬有一份爱情，我希望，爱会让自己多一些勇气。"她的礼貌、她的大度、她的智慧为她赢得了更多人的心。

完美的仪态让侯佩岑赢得了所有人的尊重，这也是每个女人人生旅途中的必修课程。合乎规范的、得体的仪态是女人气质的最佳体现。

首先，要想拥有完美的仪态，在化妆上要注意淡雅自然，不要过于华丽，更不要浓妆艳抹；衣着尽量做到美观新颖、朴素大方、典雅和谐，给人以雅而不俗、新而不奇、美而不奢之感。要根据自己的爱好和审美情趣去选择精美、雅致的服装，以充分展现自己的个性与气质。不同季节、不同场合，服装要随之而变。

其次，举止要大方典雅。在走路、站立、坐姿等方面，都要端正洒脱、绰约多姿，给人以美的感觉。既不要缩手缩脚、拘泥古板，也不要不拘小节、随随便便。在公众场合，特别要注意讲究礼貌与礼节。礼貌在先，礼节周到，彬彬有礼，避免失态。情感表露要自然，符合身份，谈吐文雅，落落大方，自然轻松。礼仪是女人在交际中需要不断修炼的功课。

良好的教养是气质美的前提

一个人如果没有才，不会有人怪他，但是如果一个人没有教养，即使他才高八斗、学富五车也不会有人看得起他。因此，良好的教养是气质美的前提。对于女人来说，良好的教养一般体现在以下10个方面：

（1）守时。无论是开会、赴约，有教养的人从不迟到。她们懂得，不管什么原因迟到，对其他准时到场的人来说，都是不尊重的表现。

（2）谈吐有度。有教养的人从不冒冒失失地打断别人的谈话，总是先听完对方的发言，然后再去反驳或者补充对方的看法和意见，也不会口若悬河、滔滔不绝，不给对方发言的机会。

（3）态度亲切。有教养的人懂得尊重别人，在同别人谈话的时候，总是望着对方的眼睛，保持注意力集中，而不是眼神飘忽不定，心不在焉，一副无所谓的样子。

（4）语言文明。有教养的人不会用一些污秽的口头禅，不会轻易尖声咆哮。

（5）合理的语言表达方式。要尊重他人的观点，即使自己不能接受或赞同，也不会情绪激动地提出尖锐的反驳意见，更不会找第三者说别人的坏话，而是陈述己见，讲清道理，给对方以思考和选择的空间。

（6）不自傲。在与人交往相处时，有教养的人从不凭借自己某一方面的优势，而在别人面前有意表现自己的优越感。

（7）恪守承诺。要做到言必信，行必果，即使遇到某种困难也不食言。自己承诺过的事，要竭尽全力去完成，恪守承诺是忠于自己的最好表现形式。

（8）关怀体贴他人。不论何时何地，对长者与儿童，总是表示出关心并给予最大的照顾和方便，并且当别人利益和自己利益发生冲突时能设身

处地为别人想一想。

（9）体贴大度。与人相处胸襟开阔，不斤斤计较、睚眦必报，也不会对别人的过失耿耿于怀，无论对方怎么道歉都不肯原谅，更不会嫉贤妒能。

（10）心地善良，富有同情心。在他人遇到不幸时，能尽自己所能给予支持和帮助。

第三篇

幸福起步：走在时代浪尖，做"她"世纪的宠儿

　　作为一个电视传媒界的知名人士、作为一位荣登内地富豪榜的成功女性，杨澜以她的精彩告诉所有女性朋友们："她"世纪已经到来！只要怀有梦想、选对舞台、抓住机遇，女人可以活得同男人一样精彩！

"她"世纪的主角，要给你的梦想插上翅膀

提到杨澜这个名字，我们头脑中首先闪现的就是那张美丽大方的脸庞，还有自信和知性的微笑。从《正大综艺》到香港凤凰卫视中文台；从创办了大中华区第一个以历史文化为主题的卫星频道——阳光卫视，到大型谈话节目《天下女人》；从华盛顿的肯尼迪表演艺术中心的舞台到联合国总部的特奥论坛……杨澜的每个身份好像都是我们平常人可望而不可即的，但她以事实告诉所有女性朋友们："她"世纪已经到来，女人可以活得同男人一样精彩！

杨澜还用诚恳的话语告诉年轻的女孩子们："女孩到了二十几岁，就要坚信不管是在生活中还是在职场中，并不只有男人才能有所建树。现在女性的思想都新潮了，成功的女人在各行各业中都有，只要女人努力了，她同样可以在男人的世界里穿梭。女人的资本有很多，在职场中女人还略显优势，在有些行业里，女人会发挥出自己独特的优势。她们都是美丽

的，她们干练的气质都可以让男人臣服。女人不要总想着在厨房发展，有能力的女人才能够让男人们欣赏，现在不流行家庭主妇的角色了，外面有着精彩的世界等待着女人去追求。"

虽然传统封建观念认为女人的天职是生儿育女、相夫教子，但女人需要工作乃是人类心灵最正常的要求。对一个女人来讲，不工作是不幸福的。虽然有一些女性不需要为生计而操心，但远离工作仍会使她们的人生大打折扣，她们生命中很多乐趣都丧失了，很多基本的人性要求无法得到满足，即使她们家财万贯，悠然自得，她们仍然不会幸福，今天在各行各业都可以看到女性的身影，甚至在一些以前认为只有男性才可以从事的行业，她们工作得比男人还出色。《红楼梦》里的薛宝钗，出得厅堂，下得厨房，精明而又大方，是现代女性学习的典范，而每天莺莺啼啼、动不动就哭的"林黛玉"则越来越少见了。女人都选择出去工作，而不是待在家里多愁善感。没有工作，闲暇时间过多，是一种多么糟糕的境况。

许多女人抱持错误的信念，以为每时每刻都做自己喜欢的事是不可能的。但实际上由于人可以在许多方面得到个人的满足感，因此，在大多数时间做自己喜欢的事，对地球上的每一个人来说都是可能的。不管为什么工作，它都会给人带来许多意想不到的好处，比如给人安慰的工作节奏，令人愉快的一项接一项的工作，同事的友谊，以及自己在工作中所获得的成就感和充实感。

还有，与在家庭中的表现不一样，女人在工作中的表现可以得到客观的评价，最重要的是她从工作中获得了一种使人愉快的成就感。

因此，作为"她"世纪的主角——女性朋友们，洗衣做饭不应该是你生活的大部分内容，丈夫和孩子也不是你的全部，勇敢放飞自己的梦想，充满热忱地去为自己的梦想而奋斗，你会发现生活原来可以更美。

梦想有多高，就能飞多远

从《正大综艺》到《杨澜工作室》，从《杨澜访谈录》到《天下女人》，杨澜的每一次华丽转身都是被自己的梦想驱使，梦想有多高，她就能飞多远。她非常欣赏席琳·狄翁说的一句话："每一天都要过得充满激情，这就像吻你所爱的人，只要心中有爱，每吻一次都会有新的感受。"

在20世纪，几乎所有成就都可以通过奋斗得到。但是在现在这样的时代，科技、信息和知识一切都唾手可得，更多的成就得靠智慧，要做出成绩还要有梦想。生活往往有一种巨大的惯性，让人们在现有的工作面前安分守己、不思进取。此时应该问一问自己的内心：这是不是自己真正想要的生活？什么工作才是最适合自己的？然后听从内心深处的呼唤。当工作不能为自己带来成就感和愉悦感时，就应该断然放弃，再去寻找别的工作。只有有梦想的人，才能成为生活和事业上的强者。

几十年前，在美国的一位演员喜得爱子。由于父亲是演员，这个男孩从小就有了"跑龙套"的机会，他渐渐产生了当一名演员的梦想。可由于身体虚弱，父亲便让他拜师习武来强身。1961年，他考入华盛顿州立大学主修哲学，后来，他像所有平常人一样结婚生子。但在他的心底，却从未放弃过当一名演员的梦想。

一天，他与朋友谈到梦想时，随手在一张便笺上写下了这样一段话：

"我，布鲁斯·李，将会成为全美国最高薪酬的超级巨星。作为回报，我将奉献出最激动人心、最具震撼力的演出。从1970年开始，我将会赢得世界性声誉；到1980年，我将会拥有1 000万美元的财富，那时候我及家人将会过上愉快和谐、幸福的生活。"

当时，他过得穷困潦倒，可以想象，如果这张便笺被别人看到，会引来怎样的白眼和嘲笑。然而，他却牢记着便笺上的每一个字，克服了无数

次常人难以想象的困难。一次，他因脊神经受伤，在床上躺了4个月，但后来他却奇迹般地站了起来。

1972年，他主演的《猛龙过江》等几部电影都刷新了香港票房纪录。1973年，他主演了香港嘉禾公司与美国华纳公司合作的《龙争虎斗》，这部电影使他成为一名国际巨星，被誉为"功夫之王"。1998年，美国《时代周刊》将其评为"20世纪英雄偶像"之一，他就是"最被欧洲人认识的亚洲人"——李小龙，一个迄今为止在世界上享誉最高的华人明星。

"一个人可以非常清贫、困顿和低微，但是不可以没有梦想。只要梦想存在一天，就可以改善自己的处境。"这是美国鼎鼎大名的"脱口秀女王"奥普拉·温弗瑞的座右铭之一，也是激励了无数女性的经典语句。其实，我们每一个人都一样，只要敢于摆脱平庸的命运，大胆追梦，就将会收获另一种辉煌。我们每个人都应相信自己，相信我们本身就是梦想大厦的设计师和建筑家。

像对待孩子一样对待梦想

在一次对杨澜的采访中，记者问道："萧伯纳说人生的悲剧在于没有梦想和梦想实现。你非常幸运地行走在两者之间，且充满激情。财富是支持你行走的最大动力吗？"杨澜答道："财富给所有能驾驭它的人带来了极大的自由，这对理智的人是好事。我的数字财富其实就是我的公司，在我倾力去打造它的同时我没有忘记一个道理，那是当了母亲之后的我自己悟到的：很多事情，你只要像对待孩子一样让他慢慢地成长，自然会有开花结果的那一天。人只有对远景充满期待，才不会焦虑，也才会从容面对一切。"

的确，就像这位记者问话中提到的萧伯纳的那句名言：人生的悲剧在于没有梦想与梦想实现。许多人往往苦于找不着自己的梦想，或者是树立

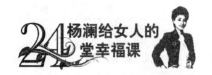
了目标，却不知该如何去实现它。杨澜在这里为我们讲出了她的办法，那就是像对待孩子一样对待梦想。养育孩子是个漫长而需要耐心的过程，但同时也是一个充满期待的过程，只要全心全意地去爱护他，教育他，自然会有收获的那一天。追求梦想也一样，我们不可能一蹴而就，只要以一种充满期待的心情去对待它，追求梦想的过程就是充实而有意义的。

有一位加拿大移民，她刚刚来到加拿大中部的一个城市，在生活上遇到了很多不便之处。在办理各种居住手续的同时，她每天背着相机跑遍城市的各个角落，拍下了几百张照片。然后，她把办理出国定居的种种细节连同这些照片贴在个人网站上，好让所有情况类似的朋友不再遇到她所碰到的麻烦。结果一传十、十传百，越来越多的人开始访问这个网站。

后来，她注册了辰文信息网 www.cwinnipeg.com，两年内，她凭借对这个城市的观察和信息收集，以及拍摄到的这个城市春夏秋冬的不同风情，建成了这个新网站。在网站域名中，C 是 China、Chinese 的意思，它的谐音则是 See，就是希望华人能通过网站更多、更真实地了解这个城市，看看这里的华人生活，知晓中华文化在这片土地上的成长和发展，与大家分享各种见闻、经验。后来，新来的人和国内的准移民越来越多，电话咨询不断，她觉得有必要在网上提供更多当地的日常生活信息，例如餐馆、车行、购物哪家比较好，租房、买房、买车该去找谁等，她的想法加上国内同行的技术支持，很快做出了专业水平的网站。

目前已经有很多华人和中国商家，通过网站注意到这个城市，她的信息网功不可没。

最初只是一种想给别人提供方便的想法，居然使她找到了一份最适合自己的工作。开始做这件事时，她肯定没有想过把它当成事业来做，她只是耐心而充满兴趣地去做，期待她的努力给更多的人带去方便。正是这种充满期待和耐心的努力，最终使她做出了一番事业。

一位著名学者曾经这样说："工作不仅是谋生的手段，也是享受生活

的一种载体。"许多人的一生都是在工作、学习和生活中度过的，对大多数人来说，工作大概要占据人生 1/3 的时间。为梦想而努力工作的过程，最容易折射出一个人的生活态度和思想境界。

为梦想，随时准备从零开始

人人都要有一个梦想，这个梦想可以很大，也可以很小，它由你的个性与能力决定，然后你就可以为了实现这个梦想去努力，去奋斗。追逐梦想的过程不会是一帆风顺的，但只要我们确定了自己的梦想，就要作好随时从零开始的准备。

豪迈的态度决定了豪迈的人生，凡是经历过重大挫折的人大都会锤炼出顽强的抗压能力，大不了就是从头开始嘛。

达因集团的总裁张璨就是一位有梦想且敢于追梦、并为梦想坚持到底的成功女性。

张璨是毕业于名牌大学的骄子，和她的很多同学一样有稳定又受人尊敬的工作，甚至比她的同学还有更好的前途。因为在北大，张璨就是个活跃分子。1984 年，在北京大学举行的第二届大学生演讲大赛中，张璨以《我与中华同崛起》为题，获得了第一名。当时 20 岁的张璨还当上了北大学生会文化部的副部长。那时，她的梦想是当一名出色的外交官、一名女大使。如果没有意外，她的这个梦想一定能实现。

遗憾的是，在大三的时候，张璨却被告知，她的学籍被注销了。原来，有人举报她在三年前曾考上了某大学，但她没去报到，第二年又考上北大。按当时的规定，有学不上的考生必须停考一年。这事落在谁的头上都打击不小，但张璨仍然坚持修完了全部课程。因为学籍的问题，毕业后，她没能像她的大学同学一样被分到国家机关当干部。张璨于是选择了下海。开始创业的时候，几乎是一穷二白。房子是租农民的，公

司是借别人的，他们拿不出钱注册自己的公司。张璨办公司干的第一件事，是洗窗帘，粉刷墙壁，贴不干胶广告，把他们"英华经理部"的小门脸，收拾得干干净净。没有本钱，他们借别人的电脑，拿到自己店当样品，有人来买电脑，谈妥价，交上钱，他们便撒腿出门，飞快地弄回一台电脑交给客户。

就这样，公司一点点地开始进行原始积累。当他们挖掘出第一桶金后，他们开始和别人一起办公司。但是后来和公司董事会之间出现矛盾，张璨和丈夫一起退出了公司，开始了第二次白手起家——开饭馆。但无论张璨用什么招式，饭馆就是不赚钱。于是后来张璨又重回电脑行业，与丈夫一起成立了达因公司，直到她成为达因集团的总裁，拥有了自己的大厦和多家分公司。

张璨的成功之路不是一帆风顺的，她一次又一次面临从零开始的困境，但她没为此而沮丧、怨天尤人，她选择了坚强、坚持。经历过这么多挫折，张璨发觉从零开始原来并不可怕。但是，千万要记住：每个人都要有一个梦想，这个梦想可以很大，也可以很小。然后你就可以为了实现这个梦想去努力。有些智力因素诚然比较重要，但张璨认为有些东西更不能丢掉：一个就是坚定，你一定要很坚定，当你设定一个目标以后，你一定要全力以赴，一定要不屈不挠，一定要非常顽强，即使用任何表述坚定的词加在你的身上都不会过分。其次就是你一定要善于感受东西，就是从生活中的一点一滴、从各个方面去感受很多东西。另外，你随时都要有从零开始的准备，而且时时刻刻都觉得你对自己非常有信心。

从张璨的身上我们看到了这些优秀的品质，如果我们同样具备这份梦想与坚定，就不会害怕失败，不会恐慌从零开始。没有什么会一帆风顺，要随时准备从零开始，对自己有了这种准备、这种自信，那还有什么能打倒我们呢？

Lesson5
幸福女人要选
对自己的舞台

你总有一样最拿手

毋庸置疑，杨澜是当今中国最出色的女性之一。她美丽、聪慧、优雅、知性，30多岁就已经拥有了成功的人生，实现了许多人可能一生都无法实现的人生梦想，而对她而言，精彩的人生才刚刚拉开序幕。

谈到自己的成功，杨澜认为那是因为她找到了自己的优势，然后扬长避短，所以成就了自己。起初，她也不知道自己能做好什么事情，在后来的实践摸索中她才逐渐认识了自我。1994年，杨澜离开了《正大综艺》赴美念书，原因很简单，她发现自己并不擅长做综艺节目。她更喜欢读书、喜欢思考，学习能力比较强，更适合做访谈节目。

作为记者和访谈节目的主持人，杨澜认为自己还有一个优势，那就是容易和别人交流。1996年，她在美国与东方卫视合作了一个节目，叫《杨澜视线》，专门介绍百老汇的歌舞剧和美国的一些社会问题。其中有一集是关于肥胖的问题。当时，一位体重在300千克以上的女士接受了杨澜的

采访。由于一般的椅子她坐不下，于是杨澜就去另找椅子，亲自搬过来请她坐下，然后开始与她交谈。访谈结束后，那位女士对杨澜说："我一直不知道中国的记者采访会是什么样，但我很愿意接受你的采访。"杨澜问她为什么，她说："别的记者来采访，都是带着事先准备好的题目，在我这儿挖几句话，去填进他们的文章里，而你是真正对我有兴趣的。"这句话给杨澜留下的印象很深。她意识到，不论是在镜头面前，还是在与人交流时，你对对方是否有兴趣，对方是完全可以察觉到的。你的一举一动、你的眼神都在建立一个气场，而她恰恰能够建立这样一个良好的气场，因而她觉得自己适合做访谈节目。这就是杨澜对自己优势的挖掘。

由此我们可以得知，成功就是利用好自己的优势。有句话说得好：再优秀的人也有缺点，再平凡的人也有他的闪光点。你总有一样最拿手，之所以还没有成功，是因为你还没有找到自己的闪光点，或者还没有利用好它。

很多时候，我们在工作中没有办法取得想要的成就，不是不够优秀或者不够努力，而是选错了平台。即使是那些看起来很笨的人，也许在某些特定的方面会具有杰出的才能。比如，柯南·道尔作为医生并不著名，写小说却名扬天下。每个女性都有自己的特长，都有自己特定的天赋与素质。如果你选对了适合自己努力的目标，就很可能成功；如果你没有选对适合自己努力的目标，就可能会埋没自己。

女性准备在事业上施展拳脚之前，应该充分了解自己的长处和短处，对自己有个正确的认识，然后根据自己的特长进行定位，选择适合自己发展的行业。

很多女性的成功，首先得益于她们充分了解自己的长处，根据自己的特长来进行定位。如果不能充分了解自己的长处和优势，只凭自己一时的兴趣和想法，那么定位就会不准确，就会带有很大的盲目性。

如果一开始就对自己产生错误的认识，那么即使她敢于"秀"出自

己，并且在某种程度上取得了一些成绩，但最后的结果也只能是"竹篮打水一场空"。

因此，女性在选择职业时需先进行一番冷静的思考，这对于社会新人来说尤为重要。

应该知道今后有哪些行业比较有发展前景，然后再分析自己是否适合该行业。如果没有坚实的专业基础，那么干起事业来便缺乏信心，在工作中出错的可能性也会相对增加，所以选择和自己的专业、个性特质相符的职业是很重要的。

凡是在事业上取得成就的人，都有一个共同的特点，那就是充分认识自己，做最适合自己的事。如果找到了自己喜欢的，并且又能胜任的职业，就大胆地行动吧！相信，那里的天空一定会因为你的存在而有所不同。

找到了绿叶，春天就在向你招手

杨澜曾结合自己的人生阅历对年轻的女孩子说："女孩到了二十几岁后，就要有明确的梦想，然后再为了这个梦想去奋斗。"当你确定了梦想后千万不要改变，因为一个具有明确生活目标和思想追求的人，毫无疑问会比一个根本没有目标的人更有作为。只有找到了绿叶，才能感受到春天的气息；只有感受到春天的气息，才能解冻思想的冰河，向成功迈进。伟大的哲学家伏尔泰曾言："幸福，是上帝赐予那些心灵自由之人的人生大礼。"这句话足以点醒每一个追求幸福的女人：要做幸福的人，你首先要当自己思想、行为的主人。换言之，只有清楚自己想要的是什么才有可能得到它。

刚满19岁、大学还没有上完的戴尔，靠出售电脑配件赚到了1 000美元。拿到这笔钱的当天，他在日记中写下了使用这1 000美元的三种计划：

举办一次由所有好朋友参加的盛大酒会、买一辆二手福特轿车、成立一家电脑销售公司。经过反复思考，戴尔否定了前两种方案，尽管它们是那样的诱人。第二天，戴尔用这1 000美元注册了公司，开始代销IBM电脑。

两年后，他赚到了足够的钱，开始自己组装电脑，并推出了自己的品牌。由于可以采用世界上各家电脑公司的配件，各个档次的用户需求都能满足，戴尔电脑很快成为热销品牌。如今，戴尔电脑的销售额位居全球第二，利润额全球第一。

无独有偶，美国铁路大亨詹姆斯·希尔开始创业时，也只有1 000美元，而且这1 000美元还是从别人那里借来的。有了这1 000美元，他首先与人合伙创办了一家经营谷物和肉类的公司，然后开始涉足铁路、建筑行业，一步步成为世界超级富豪。

詹姆斯·希尔一直活到89岁，在他晚年的时候，不断有人询问他关于成功的秘密。对于这个问题，他的答案从来只有一句话：我知道怎样使用1 000美元。

如果不甘于平庸，就必须给自己一个明确的定位，这样才能充分施展自己的才能，走出成为强者的第一步。但是很多人不清楚这一点，他们迷迷糊糊地上了大学，迷迷糊糊地参加了工作，又迷迷糊糊地结婚生子，这一辈子就在迷迷糊糊当中度过了，这样的人是永远不会取得事业的成功的。还有一些人，他们有理想、有抱负，不甘心将人生埋没在家庭里，当下海热遍布全国时，他们就奋不顾身地下海；当出国变得风光时，就挤破头也要走出国门镀点金；当公务员热兴起时，他们又忙着考公务员……这种人生活得忙忙碌碌，看似充实，实则毫无头绪。

所以，我们需要确立一个明确的目标，在开始做一件事情时，我们不妨先冷静地问一下自己：我究竟想干什么？我想要的是什么？

有人说过："梦有多大，舞台就有多大。"对于女性来说，知道自己想要干什么，并且明白自己能做什么，就是事业成功的第一步。

　　世界上没有完全相同的两片叶子，更没有完全相同的两个人。认真做自己，就必须找到你与他人不一样的地方，也就是你的独特之处。而且，这种发掘不能靠他人，只能靠自己去寻找，因为谁也不会比你更懂得你自己。

　　有一位小学老师，她大学毕业后就想教书，但是因为不是师范类的毕业生，当时没有找到教书的机会，她便到日本留学，攻读教育学硕士学位。刚回国时，她一时还找不到教职，就到一家公司担任日文秘书，得到了老板的信任，待遇也相当高，但是她仍不放弃想要教书的念头。后来，她去参加教师考试，考取后立刻辞去了秘书的工作。

　　教书的薪水远不如她担任秘书的薪水高，同时，让周围的朋友很不解的是，以她的学历绝对可以去教高中，为什么要去教小学呢？可是她很坚定地说："我就是因为喜欢小孩子才选择这个工作的呀。"

　　有一次，一个朋友碰到她，问她近来如何。她马上很兴奋地说："今天刚上过体育课，我也跟小朋友一起爬竹竿，我几乎爬不上去，全班的小朋友在底下喊：'老师加油！老师加油！'我终于爬上去了，这是我自己当学生的时候都做不到的事呢。"

　　每个人都追求成功，那么如何为"成功"下定义呢？很多人以为成功与否是由别人来评价的，实际上，成功与否只有你自己能作评判。绝对不要让其他人来定义你的成功，只有你能决定你要成为什么样的人、做什么事，只有你知道什么能使你满足，什么能令你有成就感。

　　不了解自己的女性是不可能获得成功的。知道自己想要干什么之后，还要全面认识自己，客观地评价自己，知道自己能干什么，这样才能在选择工作的时候，寻找到自己在社会坐标系中的恰当位置，既能有效地发挥自己的才能，又能充分挖掘自己的潜能，从而最大限度地实现自己的梦想，实现自我价值。总之，你必须要有自己的目标，知道自己要干什么，然后付诸行动，这样才能获得成功。

人生不是漫无目的的散步

人生不是漫无目的的散步。一个女人想要成就一番不平凡的事业，并拥有成功的人生，必须要对自己的职业生涯有合理的规划。因为，只有这样你才会有一个坚定的目标，并且朝着这个目标不断前进。

在《辽宁青年》杂志上有这样一篇文章，其中写道：

她是国际奥委会驻北京首席代表李红，她是自国际奥委会创办109年以来第一位进入国际奥委会高级行政管理层的中国人。

小时候，李红一直都不太自信，因为自己长得又黑又瘦。在上中学和大学的时候，她经常羡慕别的女孩长得漂亮。"那时候唯一的想法，就是在学习和体育上去赢、去冲，怎么也不能落在别人后面。就像一场和自己较量的比赛，不知道终点，只知道奋力向前"。

抱着这样的目标，她争强好胜的心态渐渐就养成了。6岁时，她早晨5点就爬起来做数学题。7岁那年，她就在父亲的引领下不知不觉地开始了与奥运美丽邂逅的起跑。

1986年，作为学习尖子和体育尖子，李红顺利地考入了清华大学。从那以后，每天下午4点，清华的操场上都会有一个皮肤晒成浅棕色的女孩在操场上跑万米。

那时，她热衷的另一件事是背英汉词典。一本1 648页的《新英汉词典》，哪个词挨着哪个词她都记得很清楚，每页都做了手记，而且"不把这个当做辛苦的过程"。这，又成为她后来出国最有力的助跑。

4年后，李红随着出国潮到了美国。一本叫《硅谷女孩》的书又激起了她攻读MBA的兴趣，这一次，她成功地跑进了哈佛大学的校园，毕业后去了美国高通公司工作。

"有时候，命运和机缘就是这样，国际奥委会招人的条件是不能撼动

的。如果我在清华时不是那么热爱体育，我到美国后没有去读 MBA，可能这个机会就会与我擦肩而过。"李红这样感慨。

2000 年，瑞士国际奥委会市场干事迈克尔·佩恩在收到李红简历的一分钟后抓起给秘书的电话："我必须在 3 个小时后见到李红，不管什么办法。"

"后来，我直接去了他的办公室，根本没作任何准备，也不知道具体的工作，我们只是一直在聊我在清华参加长跑比赛的样子，以及我理解的奥运精神——我只是朦胧地觉得，它和清华'自强不息，厚德载物'的校训非常相符。"

李红的经历告诉我们：一定要懂得规划自己的人生，尽管最初你可能预料不到以后的机遇，但你一定要明确自己想要的是什么。

你在选择职业时，也要给自己的人生做一个规划。单位也好，公司也罢，是否适合自己并非一眼就能看清楚。所以在择主从事时，事先调查研究一番，再决定加入与否，这是完全有必要的。在你开始求职之前，必须认真思考一下，知道自己在哪方面有天赋，知道自己有能力从事什么样的工作，也需要知道自己对哪类工作感兴趣。只有将能力和兴趣结合起来考虑，才更有可能取得职业生涯的成功。

人生不是漫无目的的散步，只有正确规划自己的人生，才能最终实现自己的梦想。

挖掘自己的潜能，定位自己

我们经常可以看到有相当一部分女性抱怨工作不尽如人意，不遂心愿，不是太累，就是没有成就感，这是一件很可惜的事情。因为她们没能在适当的位置展示自己的才华，甚至还有一些女性根本就不知道自己适合做什么工作。找对了位置，女性朋友才可以充分展示自己的才华，做出一番成就，就像杨澜常常身兼数职，但主持始终是她的老本行。杨澜曾笑谈："我对自己的定位还是一个传媒人。我现在70%的精力都花在主持这个老本行上。慈善、实业当然也做，但电视主持是一切的根基。我就觉得，自己像个陀螺，转啊转啊，转了一个大圈，立足点始终还是那一个。"我们也应该向杨澜学习，找到自己的优势所在，给自己一个正确的定位，并以此为基础去经营自己的人生。

给自己定位，首先，要考虑自己的兴趣。兴趣是最好的老师，在选择职业时，我们首先要结合自己的兴趣来考虑，因为令你感兴趣的东西，往往就是最适合你的。

其次，职业定位还与一个人的气质类型有很大关系。以下是12种气质类型及其适合的职业，不同类型的人各有各的长处，看看你属于何种"潜力股"，以便为你的职业定位提供一个参考。

1. 变化型

这些人在新的或意外的活动、工作环境中感到愉快，他们善于将注意力从一件事情转移到另一件事情上。适合的职业有记者、推销员、采购员、演员。

2. 重复型

这类人喜欢按照一个机械的、别人安排好的计划或进度办事，爱好重复性的、有计划的、有标准的工作，适合反复做同样的事。适合的职业有纺织业工人、印刷业工人、电影放映员、机床工人等。

3. 服从型

这些人不愿自己独立作出决策，而喜欢让人对自己的工作负起责任，喜欢按别人的指示办事。适合的职业有秘书、办公室职员、打字员、翻译人员等。

4. 独立型

这些人在独立的负有职责的工作氛围中感到愉快，喜欢对将来发生的

事情作出决定，喜欢计划自己的活动和指导别人的活动。适合的职业有各种管理人员、律师、医生、电影制片人等。

5. 协作型

这些人善于让别人按自己的意愿来办事，想得到同事的喜欢，在与人协作工作时感到愉快。适合的职业有社会工作者、咨询人员等。

6. 劝说型

这些人对别人的反应有较强的判断力，并且善于影响他人的态度、观点和判断，喜欢通过谈话或写作的方式设法使别人同意他的观点。适合的职业有思想政治工作者、宣传工作者、作家、教师等。

7. 机智型

这些人面对突发事件，能自我控制、镇定自若，在紧张危险的情境下能很好地执行任务。适合的职业有驾驶员、飞行员、消防员、救生员、潜水员等。

8. 经验决策型

这些人当别人犹豫不决时，他们能当机立断地作出决定。他们喜欢那些服从直接经验或直觉的事情，必要时，他们会用直接经验和直觉来解决问题，喜欢根据自己的经验作出判断。适合的职业有采购员、股票经纪人、个体摊贩等。

9. 事实决策型

这些人喜欢根据事实作出判断，喜欢根据充分的证据来下结论，喜欢用调查、测验、统计数据来说明问题。适合的职业有自然科学研究者、化验员、检验员等。

10. 自我表现型

这些人在能表现自己爱好和个性的工作环境中感到愉快，他们根据自己的感情作出选择，通过自己的工作表达自己的理想。适合的职业有演员、诗人、音乐家、画家等文艺工作者。

11. 孤独型

这些人不愿与人接触，喜欢单独工作，较适合的职业有杂志编辑、校对、排版、雕刻等。

12. 严谨型

这些人喜欢注重细节的精确，他们按一套规则和步骤将工作尽可能做得完善。他们倾向于严格、认真地工作，以便保质保量地完成任务。适合的职业有会计、记账员、出纳员、统计员、档案管理员等。

气质和职业之间是有一定的对应关系的，要想选择理想的工作，除了要具备相应的能力和知识外，还要根据自己的气质类型，选择自己适合的工作。当然，这也不能作为固定的模式，仅仅是个参考，而且有些人内在的一些特质还没有表现出来，不能就此断定他适合什么工作。每个人都应该尽量认清自己，发挥自己的优势，找到可以发挥自身潜能的工作。

Lesson6
机遇——
当幸福来敲门

一次幸运不可能带给人一辈子的好运

在很多人眼里，杨澜无疑是幸运的。事业、名利、家庭，她拥有了许多女人梦寐以求的一切，30多岁时就已经开创了成功的人生。从学校一毕业，杨澜就走进了中央电视台，走进《正大综艺》，短短4年就获得了全国主持人"金话筒"的奖项，连她自己都说："我是幸运的。"但杨澜的成功仅仅是靠好运气吗？一个长相并不能算特别出众的女孩子从1 000多名候选人当中脱颖而出，成为《正大综艺》的主持人，这能说仅仅是运气吗？她的优秀直到现在仍然让许多制片人和导演感慨不已："很难找到第二个杨澜。"而杨澜自己总结这些年的经历，告诉我们："一次幸运并不可能带给一个人一辈子的好运，人生还需要你自己来规划。"

一个只会幻想美好未来却从不积极去为之作准备的人，即使幸运来到身边，也只能眼睁睁地看着它溜走。正如我们常常听到的："机遇偏爱有准备的头脑。"

　　有一位名叫莱温的美国女孩，她的父亲是芝加哥有名的牙科医生，母亲在一家声誉很高的大学担任教授。她的家庭对她有很大的帮助和支持，她完全有机会实现自己的理想。从念中学的时候起，她就一直梦想当电视节目主持人。她觉得自己具有这方面的天赋，因为每当她和别人相处时，即使是生人也愿意亲近她并和她长谈。

　　但是，她什么也没有做，她在等待奇迹出现，希望一下子就当上电视节目主持人。莱温不切实际地期待着，结果什么奇迹也没有出现。

　　另一个名叫露丝的女孩却实现了和莱温同样的梦想，成了著名的电视节目主持人。露丝之所以会成功，就是因为她知道"天下没有免费的午餐"，一切成功都要靠自己的努力去争取。她不像莱温那样有可靠的经济来源，她也没有一味地等待机会出现。她白天去打工，晚上在大学的舞台艺术系上夜校。毕业之后，她开始谋职，跑遍了芝加哥每一个广播电台和电视台。但是，每个经理给她的答复都差不多："不是已经有几年经验的人，我们一般不会雇用的。"

　　但是，露丝没有退缩，也没有等待机会，而是继续走出去寻找机会。她一连几个月每天都仔细阅读广播电视方面的杂志，最后终于看到一则招聘广告：北达科他州有一家很小的电视台招聘一名预报天气的女孩子。

　　露丝去应聘并被那家小电视台聘用了，她在那里工作了2年。之后她又在洛杉矶的电视台找到了一份工作，5年之后，她终于成为自己梦想已久的电视节目主持人。

　　露丝是比莱温幸运的，因为她实现了自己的梦想。但露丝之所以有这样的幸运，是因为她积极地采取了行动，为实现自己的理想作好了充分的准备。生活中我们也常常能听到有的人说："我这么聪明，将来准是做大事的，你们就等着吧，等我有钱了，请你们吃满汉全席，再给你们一人买一架飞机！"言语之间，踌躇满志，仿佛自己已经功成名就。当别人问他凭什么就能做大事的时候，他会振振有词地说："知识就是力量，智慧就

是财富，我两样都有，我不成功谁成功！"可是若干年后，他还是老样子，没有半点成功的迹象。

所以，成功不在于事情的难易，而在于"谁真正去做了"。如果你有了想法，就要赶紧去做，当你作好了充分的准备，幸运之神下一次光顾的对象就是你。

擦亮眼睛，机遇最爱戴面具

成功需要机遇，追求成功的每个人都在等待机遇的来临，但机遇不是一个温文尔雅的来客，它并不会系着领带、穿着燕尾服、头戴礼帽来登门拜访你。机遇是个顽皮的孩子，总喜欢戴着面具跟人捉迷藏。但它对任何人都是公正的，它总是悄悄地来到所有人的身边。有的人眼疾手快，将机遇迎来做客；有的人却麻木呆滞，使到嘴的"鸭子"都飞了。要迎接机遇这位客人，还需要擦亮眼睛，开动智慧的头脑。

迈克尔·法拉第，于1791年9月22日出生在萨里郡纽因顿的一个铁匠家庭。13岁就在一家书店当送报和装订书籍的学徒。他有强烈的求知欲，挤出一切休息时间"贪婪"地力图把他装订的一切书籍内容都从头读一遍。读后还临摹插图，工工整整地作读书笔记；用一些简单器皿照着书上进行实验，仔细观察和分析实验结果，把自己的阁楼变成了小实验室。在这家书店待了8年，他废寝忘食、如饥似渴地学习。

后来，在哥哥的赞助下，1810年2月至1811年9月他听了十几次自然哲学的通俗讲演，每次听后都重新誊抄笔记，并画下仪器设备图。1812年2月至4月又连续听了汉弗莱·戴维4次讲座，从此燃起了进行科学研究的愿望。法拉第致信给皇学院院长表达了他的这一愿望。但他只是个装订工人，想要到皇家学院似乎有点痴人说梦，果不其然，皇家学院拒绝了他的请求。

但法拉第并未灰心，在得知皇家学院将公开选拔助理实验员后，他鼓起勇气写信给汉弗莱·戴维："不管干什么都行，只要是为科学服务"。他还把他装帧精美的听课笔记整理成《汉弗莱·戴维爵士讲演录》寄上。他对讲演内容还作了补充，书法娟秀，插图精美，显示出法拉第一丝不苟和对科学的热爱。经过戴维的推荐，1813年3月，24岁的法拉第担任了皇家学院助理实验员，实现了他投身科学研究的愿望，并在科研领域取得出色成绩。1824年被选为皇家学会会员，1825年接替戴维任皇家学院实验室主任，1833年任皇家学院化学教授。

在成功的道路上，有的人不敢尝试，不愿走崎岖的小道，遇到艰辛，或绕道而行，或望而却步，结果，他们常与机遇无缘。而另一些人，总是很有耐性，尝试着解决难题，不怕吃千般苦，历万道险，结果恰恰是他们能抓住"千呼万唤始出来"的机遇。

有人说："机遇可遇而不可求。"其实，机遇的产生也有其内在规律。如果你有足够的勇气，睿智的头脑，敏锐的观察力、判断力，就能一眼看准机遇，把它牢牢抓住。

做足功课，该出手时就出手

杨澜曾经这样说过："人一辈子总是要做一点自己的事，有的时候可以拉开很长的时间做，有的时间你只能强度很大地做很多的事。这是你自己无法选择的，如果机会来了，你没有把握住它，懒懒散散，那么过去就过去了，年轻时该拼一下就要拼一下。"如果有人错过机遇，多半不是机遇没有到来，而是机遇到来时，没有伸手去抓住它。

这个世界不缺少机遇，缺少的是抓住机遇的手。这个世界不乏有才华、有能力的人，但为什么成功的总是少数人？原因在于，能够成功的人有了想法就积极主动地去做，哪怕是失败了也不失掉尝试的勇气，而不成

功的人，即使才能再大，也总是光说不做，只会在犹豫、顾虑或懒散中失掉机遇。

一位老教授退休后，巡回拜访偏远山区的学校，将自己多年的教学经验与当地的老师分享。由于老教授和蔼可亲，无论他到哪里，都会受到老师及学生的欢迎。

有一次，当他结束在山区某学校的拜访行程，欲赶赴他处时，许多学生都依依不舍。老教授也为之所动，当下答应学生：下次再来时，只要谁的课桌椅是整洁的，就送给他一份神秘礼物。

老教授离去后，每到星期三早上，所有学生一定将自己的桌面收拾干净，因为星期三是每个月教授前来拜访的日子，只是不确定教授会在哪一个星期三来到。

其中有一个学生的想法和其他同学不一样，他想，教授如果突然在星期三以外的日子来呢？于是他每天早上，都将自己的桌椅收拾整齐。但往往上午收拾妥当的桌面，到了下午又是一片凌乱，这个学生又担心教授会在下午来到，于是在下午又收拾了一次。想想又觉不安，如果教授在一个小时后出现在教室，仍会看到他的桌面凌乱不堪，他便决定每个小时收拾一次。

到最后，他想，教授随时会到来，仍有可能看到他的桌面不整洁，终于，小学生想清楚了，他始终保持着自己桌面的整洁，随时欢迎教授的光临。老教授虽然尚未带着神秘礼物出现，但这个小学生已经得到了另一份特别的礼物。

有许多人终其一生，都在等待一个足以令他成功的机遇。而事实上，机遇无所不在，重点在于：当机遇出现时，你是否已经准备好了。

我们耗去了许多的时光，却等不到机遇的出现。从今天起，在等候的同时，我们可以开始作好准备，让自己保持在最佳状态，以便机遇出现时，你可以紧紧抓住，不让它溜走。

　　起初，你可以像那位小学生一样在每周三准备好，让自己迎接机遇的来临，接着是每天、每时、每刻，到最后，就能让自己时刻作好准备，随时准备把握成功的绝佳机会。与此同时，你也将发现，由于你不断地用心准备，自己所获得的成长竟是如此之大，此刻的你，已经脱胎换骨，不再是昔日那个只会终其一生等待机遇的人了。

第四篇

幸福奠基：
辛辛苦苦，过舒服日子

　　有人说，努力工作是幸福生活的基础。杨澜也说："辛辛苦苦，过舒服日子；舒舒服服，过辛苦日子。"我们想要实实在在的幸福，因此我们需要踏踏实实地工作。

走出"金话筒"的耀眼光圈

1990 年，22 岁的杨澜从北京外国语大学毕业后，很幸运地走进了中央电视台，开始了自己的主持生涯。在主持《正大综艺》节目的 4 年里，杨澜凭借着自身的努力，很快在主持人的位置上走红，成为当时中央电视台首屈一指的当家主持。

在国内的电视圈里，杨澜成为一种新形式主持风格的象征和代名词。4 年之后，杨澜不负众望，在第一届全国主持人评比中，一路"过五关斩六将"，当仁不让地摘取了中国主持人最高奖项——"金话筒"奖。然而，就在事业如日中天之时，杨澜却作出了离开《正大综艺》、远赴美国纽约留学的决定。这一决定令许多人大跌眼镜。要知道，杨澜此时正是人们谈论的焦点人物，这个时候离开，无疑就是给自己的现在画上句号，也意味着一切都需要重新开始。

然而，这并不是心血来潮的一时冲动。在不断被媒体追问的过程中，

杨澜道出了急流勇退的原因："选择离开是因为命运不在自己的掌握中。从那时起，我就觉得自己首先得站稳脚跟，不要沉迷在鲜花和掌声中，而要去寻找成长，去读书。年轻的时候不去搏一搏，什么时候还有机会？"

杨澜还说了一件促使她下定决心的小事：

"有一年春节晚会，共有6名主持，多遍彩排之后，其中一位主持，导演组突然决定不用她了，却没人通知她。那一天，那位主持兴冲冲地拿着礼服到化妆间，化妆师说没她的名字，结果那位主持只好黯然神伤地离去。我当时坐在一旁，那一刻我似乎看到了自己未来的影子。我当时心想：今天，如果没有机遇和环境的平台，有多少成功算是你努力的结果？"

这件事情给了杨澜很深的感悟：原来，这个世界充满了变数，今天你拥有鲜花和掌声，但这些不一定能永远追随你。我们能做的就是控制好自己，努力往前走，根据这个时代的特点做出相应的改变和调整，只要成长，就能成功。杨澜在北京大学的一次演讲中也谈到了这一点："每个人都在成长，这种成长是一个不断发展的动态过程。也许你在某种场合和时期达到了一种平衡，而平衡是短暂的，可能瞬间即逝，不断被打破。成长是无止境的，生活中很多是难以把握的，甚至爱情，你可能会变，那个人也可能会变，但是成长是可以把握的，这是对自己的承诺。我们虽然再努力也成不了刘翔，但我们仍然能享受奔跑。可能有人会妨碍你的成功，但却没人能阻止你的成长。"

事实证明杨澜当初的选择是正确的，成长后的杨澜更适应社会发展的需要，她以全新的形象，再次掀起了一场全新视角的"杨澜风暴"。我们每个人也都应该像杨澜一样有"居安思危"的意识，只有不断成长、不断进步，才能跟得上社会前进的脚步。社会在变，环境在变，你现在拥有的一切也可能会变，但只要我们自己不断成长，就能永远把握自己的命运，拥有自己的舞台。

选择，你必须面对的分岔口

《正大综艺》的4年造就了杨澜，盛名之下的她放下"金话筒"出国留学，震惊了很多人。学成归国后，杨澜在传媒领域里取得了更为突出的成就。对于这次选择，她说："逆境每个人都会经过，我也绝不会比别人少。不管是得意的时候，还是悲观的时候，都要了解自己最需要什么，如果对自己想要的东西比较明确的话，就知道如果你放弃的话，自己也会不开心的。做自己想做的事，对于成功和失败可以看淡一点。我相信每一个人都会有挣扎的感觉，不在于他最后的成就。"

生活中总是充满了选择，我们经常不知不觉地走到人生的十字路口，何去何从，选择权在自己手上，而一次次的选择决定了我们今天的社会位置和人生状况。有时候，放弃也是一种美丽；有时候，选择就是另一种放弃；有时候，放弃就是最好的选择。

一取一舍，取舍之间自有人生的大智慧。杨澜在她的散文集《凭海临风》里曾经这样写道："一个人选择的时候，只能服从你自己心里想的事情，你对一个环境有不满意的地方，希望有突破，那一定是你内心有这样的需要，那就按照你的心告诉你的那样去做，这是对自己负责任的事，你没有办法保证结果。就像我今天没有办法保证我40、50岁的时候是什么样。也许有人会说，杨澜并不成功，那也没关系，我仍然相信我的选择是对的，因为我选择的是我喜欢做的事。"

许多时候，人们往往对自己的幸福熟视无睹，而觉得别人的幸福很耀眼，但他们没有想过，别人的幸福也许并不适合自己。每个人都有属于自己的位置，有自己的生活方式，有自己的幸福，何必去羡慕别人？

人生中，左右为难的情形会时常出现：比如面对两份同具诱惑力的工作，两个同具诱惑力的追求者。为了得到这"一半"，你必须放弃另外

"一半"。若过多地权衡，患得患失，到头来将两手空空、一无所得。我们不必为放弃另外"一半"而感到悲伤，能抓住人生"一半"的美好已经是很不容易的事情。有些选项看似诱人，但如果不适合自己，就要果断舍弃。作出什么样的选择，要视自身条件和具体情况而定，要有主见，不能人云亦云。

人生的大多数时候，无论我们怎样审慎地选择，终归都不会尽善尽美，总会留有缺憾，而缺憾本身也是一种美。社会大舞台上，每个人都是自己生活和生存方式的编导兼演员，只有学会正确地进行选择，有所为，有所不为，才能演绎出精彩的人生喜剧。

在人生的每一个关键时刻，审慎地运用自己的智慧，作最正确的判断，选择属于自己的正确方向。聪明的女人，要放掉无谓的固执，冷静地用开放的心胸去作正确的抉择。每次正确无误的选择将指引你永远走在通往成功的坦途上。只有懂得取舍的人才会拥有更加辉煌的人生，拥有海阔天空的人生境界。面对选择，不妨多听听自己内心的声音，做自己真正想做的事，这样无论结果如何，我们的人生都不会觉得遗憾和悔恨。学会选择，懂得放弃，才能更好地把握快乐、享受幸福。

在不断变化中突破自我

人们常说：世界上唯一不变的就是改变。这个世界处在不断的变化中，变是绝对的，不变只是相对的。只有承认改变，接受改变，把握改变，我们才能不断取得进步，突破自我，跟上时代改变的脚步。杨澜如果安于《正大综艺》的成功，而不在变化中寻求更大的进步，或许她还在那一个小小的平台上，能力得不到充分的施展，也不会有今天的精彩。

《中国美容时尚报》的社长兼总编辑张晓梅女士，是"中国美"概念的首倡者，被称为"中国美容经济女掌门"。她也是一位勇于在改变中求

发展的成功女性。

张晓梅出生于一个军人家庭，从小随父母一起生活在四川一个偏僻山区的部队里。长期封闭的环境以及狭小的交际范围让她在备感单调无趣的同时，亦令她对自己的未来感到十分迷茫。参加工作后，张晓梅被分配到某部队的一个军事研究所，从事计算机类科研工作。如果按照正常的轨道，她大可安稳地就此工作、生活下去，并一步一步地走向更高的位置。但是，张晓梅发现，这样的现状似乎并不是她想要的，她希望找到一个人生目标，实现自己的人生价值。

尽管在工作中表现出色，但是经过一番深思熟虑之后，张晓梅最终还是决定转业。1988 年，张晓梅离开了那个"有安全感、有保障"的舒适环境，进入香港的亚洲风物杂志社，做了一名记者。凭借着天资和勤奋，才两个月左右的时间，她就当上了社长助理。而在这家杂志社工作了一年后，她向社长递交了辞职报告。社长当时对此特别不能理解："你们内地的记者能拿到我的一本记者证，是梦寐以求的事情，你为什么要离开？"她说："我很想独立地做一些自己想做的事情。"

1989 年 12 月，这个渴望独立做事的女人在成都开设了自己的第一家美容院。随着生意的日渐红火，她的店面也越开越大，从最初的几平方米到一两百平方米再到几百平方米，最终她成功地淘到了人生的第一桶金。

从部队转业，然后打工，最后自己创业，张晓梅用实际行动完成了自己的职业"三级跳"，也最终找到了理想的舞台。

同样不贪图安逸，勇于在变化中不断突破自我的还有凤凰卫视的著名主持人吴小莉。

1998 年，由她主持的《小莉看时事》成为当年凤凰卫视人气最高的节目，而这个在镜头前滔滔不绝的女人也因此成为凤凰名嘴。

2001 年，吴小莉的身份悄然发生变化，她已经不仅仅是凤凰卫视一位知名的主持人，她新的身份标签已是凤凰资讯台副台长，同时，她还

是中华慈善总会的形象大使，于是在更多的非新闻领域中，我们看到了她的身影。

一位聪明的职业女性懂得在事业瓶颈期未到的时候，适时地转型，为自己的职业生涯注入新的活力。吴小莉说，如果能再有多一点的空余时间，她会去读书，读关于媒体管理的专业。从台前到幕后，虽然吴小莉一直在强调自己是一个从来不规划人生的人，只要是大方向对了，一切都顺其自然，但其实细心的人会发现，她又在敏捷地往前跳了一步。没有人能随随便便成功，吴小莉已经张开双臂，迎接新的挑战了。

很多人说吴小莉是一个善于把握人生的人，把家庭和事业都经营得很好。吴小莉承认："其实每一年也会给自己新的突破、定位，每一年都在想让自己有新的变化。但后来明白，可能是做一个职业新闻人，你的职业比你本人的变化更快，比你的风格变化更快，所以有些时候，你还没来得及变，新闻就变了，所以你也得变。所以后来索性放手，不为自己限定目标，因为一路走来，总会看到路边有很多自然风光，这样不经意地采集而来，反倒有意想不到的惊喜。所以只要大的方向确定，就会一直走下去。碰到机会了，就抓紧机会，突破原有的束缚，静悄悄地转了型。"

有时候，人生的逆转要的仅仅就是一点点勇气。当你用尽办法也不能在现在的职业中实现自我价值的时候，请鼓起勇气改变，过多地思前想后只会贻误时机。赶快行动起来吧，在实践中突破自我。

Lesson8
《杨澜工作室》：
为理想而奋斗
是最自豪的事

作为"凤凰人"的流金岁月

1998 年，杨澜加盟香港凤凰卫视中文台，开创名人访谈类节目——《杨澜工作室》，推出了一系列高水准的人物专访纪录片，让国内观众在电视文化的海洋里，再次享受到杨澜带来的艺术审美快感。因为凤凰卫视，因为全新的视角，以前收看《正大综艺》的海外华人也开始再次关注她，并关注杨澜带来的电视文化。杨澜又一次取得了巨大的成功。

在凤凰卫视，大家都知道这样一句话："凤凰卫视是一个把女人当男人使唤、把男人当牲口使唤的地方。"在这里，除了工作还是工作，是个不折不扣的"魔鬼精英训练营"。在凤凰卫视的这段时期，杨澜也同样承受着巨大的工作压力，一人撑起了《百年叱咤风云录》和《杨澜工作室》两个栏目。

在《百年叱咤风云录》这个节目中，杨澜担任主持，以一种新颖独到的电视手法，对 20 世纪的历史做了精彩的回顾，再现了影响历史进程的

人和事，用一种抒情的电视手法展开了一幕拉近历史、转换空间、定格时间的纪录大片。《百年叱咤风云录》的制作与播出也让杨澜在走进百年历史人物的过程中对电视手法的运用更加纯熟。这一时期，杨澜在喜欢她的电视观众眼里，几乎就是电视艺术手法里的一个专有名词。

相对来讲，《杨澜工作室》这个栏目带给杨澜的压力更大，这是一个冠名节目，采访的又都是世界名人，每一期节目从选题、策划、提纲、编辑到串联，杨澜都不敢掉以轻心，每个环节都要亲自过问。辛勤的努力也换来了丰厚的回报，不仅这个节目取得了辉煌的成就，杨澜自己也得到了很大的提高，把以前学到的知识和平时的积累，在这里做到了融会贯通。

凤凰卫视的节目制作和播出频率都很快，这样大的工作压力却没有让杨澜降低对自己的要求，她依然是每件事情都力争做到最好。正像她自己说的："其实也没人逼我这么累，许多事由别人去做也不比我差，但还是觉得自己亲手做比较踏实，前后总算保持了统一的风格。"

杨澜就是这样，以她孜孜不倦的努力、精益求精的态度，开创了在凤凰卫视的一段流金岁月。"工作的累是最浅显的痛苦"，成功就是需要付出自己全部的努力和热情，正像有句话所说的："为实现梦想所作的最好准备，就是集中自己全部的热情和智慧，把今天的事做到尽善尽美。"

全力以赴，享受奋斗的过程

从离开《正大综艺》重返校园，再由一个学生重新回归电视，直到取得另一番成就，回顾这段经历，杨澜说道："一个人经历了很大的欢喜，经历了很大的挫折，但你还是能够站起来，然后重新回到你要做的事情上，我觉得是对一个人很大的考验。我很高兴我经历了这样的考验。在这个过程中，有些时候是苦不堪言的，有时候是特别劳累的，但是走过觉得特别值。有一件事情我觉得特别自豪，就是我在为了一个理想奋斗！"

杨澜的这段话，正是对奋斗过程的最好诠释。没有人能随随便便成功，痛苦和劳累都是难免的，但只要是在为自己的梦想而努力，那就是一个痛苦并快乐着的过程，那就是一件值得自豪的事。

著名导演张艺谋的成功在很大程度上就是来源于他对电影艺术的诚挚热爱和忘我投入。正如传记作家王斌所说的那样："超常的智慧和敏捷固然是张艺谋成功的主要因素，但惊人的勤奋和刻苦也是他成功的重要条件。"

拍《红高粱》的时候，为了表现剧情的氛围，他亲自带人去种出一块100多亩的高粱地；为了"颠轿"一场戏中轿夫们颠着轿子踏得山道尘土飞扬的镜头，张艺谋硬是让大卡车拉来十几车黄土，用筛子筛细了，撒在路上；在拍《菊豆》中杨金山溺死在大染池这一场戏时，为了给摄影机找一个最好的角度，更是为了照顾演员的身体，张艺谋自告奋勇，跳进染池充当替身，一次不行再来一次，直到摄影师满意为止。

1986年，摄影师出身的张艺谋被吴天明点将出任《老井》一片的男主角。没有任何表演经验的张艺谋接到任务，二话没说就搬到农村去了。他剃光了头，穿上大腰裤，露出了光脊背。在太行山一个偏僻、贫穷的山村里，他与当地乡亲同吃同住，每天一起上山干活，一起下沟担水。为了使皮肤变得粗糙、黝黑，他每天中午光着膀子在烈日下暴晒；为了使双手变得粗糙，每次摄制组开会，他不坐板凳，而是学着农民的样子蹲在地上，用沙土搓揉手背；为了电影中的两个短镜头，他打猪食槽子连打了两个月；为了影片中那不足一分钟的背石镜头，张艺谋实实在在地背了两个月的石板，一天3块，每块150斤。

在拍摄过程中，张艺谋为了达到逼真的视觉效果，真跌真打，主动受罪。在拍"舍身护井"时，他真跳，摔得浑身酸疼；在拍"村落械斗"时，他真打，打得鼻青脸肿。更有甚者，在拍旺泉和巧英在井下那场戏时，为了找到垂死前那种奄奄一息的感觉，他硬是三天半滴水未沾、粒米

未进，连滚带爬地拍完了全部镜头。

因此，我们如果还在抱怨自己的命运，还在羡慕他人的成功，就需要好好反省自身了，问问自己："你真的全力以赴了吗？"很多时候，你可能就输在对事业的态度上。

如果你专注于脚下的路，目的地就在你的前方，你就会走到终点；如果你专注于困难，时时顾虑重重，不能全力以赴去做，那你可能永远都走不到终点！

在人生旅途中，我们可能会有很多目标，但我们从来都不知道会遇到什么困难，所以你努力地朝着终点前进，然后你在过程中变得更自信、更坚强，最终也走到了目的地。正像我们所熟知的那句话说的："既然选择了远方，便只顾风雨兼程。"让我们为梦想来场酣畅淋漓的激情挥洒，尽情地去享受奋斗过程中全身心地投入而带来的充实和愉悦。

勤奋是成功的敲门砖

杨澜的成功不是偶然的，她有着为梦想而努力拼搏的勇气，也有着孜孜不倦坚持下去的韧性。杨澜说过"我不是最有才华的人"。但无疑，她是足够努力的。即使是她在电视传媒领域获得了极大成功的今天，她依然不会放低对自己的要求。杨澜始终认为事前准备的程度和做出的节目效果是成正比的，所以每次做节目之前她都坚持尽可能地阅读所有相关的资料。上过《杨澜访谈录》的易中天曾感叹，杨澜是他见过功课做得最好的主持人，因为当他说到自己书中的某一个细节时，杨澜居然能够立即把书翻开，找到他正在讲的那个细节。

当我们看到挂在天空的美丽彩虹时，我们能记起是什么孕育了这么美好的七色"桥梁"吗？当我们羡慕别人的辉煌成就时，我们是否看到了他们成功背后的汗水？

天道酬勤，伟大的成功和辛勤的劳动是成正比的，正所谓"有志者，事竟成；苦心人，天不负"。只要你付出了努力，命运就会垂青于你，相信功夫不负有心人的真理，不投机取巧，踏踏实实做人做事，就一定可以成功。

人的一生是短暂的。一个人在短暂的一生中真正要成就一番事业，就一定要勤奋。古往今来，凡事业有成者，无一不是对事业勤奋执著的追求者。

勤奋是通往成功的敲门砖。大千世界，五彩缤纷，人们很容易左顾右盼，见异思迁，但天才和灵感的女神，往往钟爱那些不畏辛劳、甘洒血汗的勤奋者。"勤"和"苦"总是紧密相连，如影随形，一切机遇和灵感，从来都是以勤奋为前提的。勤奋不仅意味着吃苦与实干，而且必须持之以恒，百折不挠，才有可能叩开成功的大门。"业精于勤"、"勤能补拙"，这其中的道理对任何人都适用。纵观历史上的名人巨匠，并非个个都是天才。李时珍曾经三次考举人落榜，但后来成了医学大师；爱因斯坦小的时候，人们都说他很迟钝，可正是他创立了相对论……世界上有许多平凡的人却获得了超群出众的成绩，探究其中的奥秘，关键在于他们比一般人更勤奋。

勤奋对于女人来说，是一种难能可贵的品质。曾几何时，社会上流传着这样一句话："干得好不如嫁得好。"于是乎，女人习惯将自己拴在男人的腰带上，享受着男人在外打拼收获的果实。衣食无忧的安逸生活让很多女人向往，有多少"商人妇"终日流连于商场、麻将桌边，逐渐成为男人的附属品。然而，贪图享乐、不思进取的消极生活态度会令女人慢慢地丧失自我，失去人生的价值，这些眼界狭窄的女人或许不曾想过，一旦失去了男人给予的一片天，将会沦落到多么悲惨的境地。

与她们恰恰相反，勤奋的女性以一颗永不知疲倦的心，在生命的舞台上展现出最华美的风姿。她们会身着各色职业装，昂首走进一座座写

字楼、一间间办公室。她们做教师、做护士、做演员，她们也做政治家、企业家、科学家。外在的天高云淡给了女人自由呼吸的空间，内在的月朗风清更给了女人自由搏击的力量。她们或许并不是明艳动人，或许并不都聪慧过人，但她们自信、乐观，勇于克服各种困难，以证明自己的能力和实力。

丘吉尔说过："一个人最大的幸福就是在他最热爱的工作上充分施展自己的才华。"勤奋的人，会把全部精力用来打理事业，即使只是一份普通的工作，他们也会用百倍的热忱去经营。勤劳的人每天都在为一项有意义的事业而思考、而行动，因而也会获得忙碌的快意和收获的喜悦。

敬业，责任胜于能力

古今中外，敬业精神一直为人类所推崇。敬业精神是社会发展的需要，是企业竞争的需要，也是个人生存的需要。

杨澜自参加工作起，就一直被人赞为敬业的楷模。但杨澜却说这并没有什么了不起的，她不过是对自己的工作始终持一种尊重和负责的态度。的确，所谓敬业，就是要尊重自己的工作，投入自己的全部热情，甚至把工作当成自己的私事，无论怎么付出都心甘情愿，并且能够善始善终。如果一个人能这样对待工作，那么一定会有一种神奇的力量支撑着他的内心，这就是我们现在所说的职业道德。在人类历史上，职业道德一贯为人们所重视，而在世界发展日新月异的今天，它更是一切成功人士的必备素质。然而，有的人一提到敬业就立刻"条件反射"到企业提供的福利待遇，他们以"拿一份报酬干一份工作"的理论为自己工作的平庸进行开脱；有的人经常夸大自己的劳动和价值，一旦工作有了一点点成绩便开始向领导邀功，甚至居功自傲。殊不知，这种行为的本质与敬业的品质是背道而驰的，因为敬业不是一个交换的筹码，而是一种不计报酬的品质。这

才是敬业的精髓。

每个员工的敬业带来的最直接结果不仅是企业的不断发展，更是员工个人能力的发展以及事业的成功。

在海尔集团，无论是中高层领导干部还是普通员工，其敬业精神都是出了名的，敬业也是海尔员工的守则之一。唐海北就是海尔集团树立的一个有着很强敬业精神的典型。

唐海北，当时任海尔冰箱股份公司二分厂厂长助理，1995 年 5 月，他被推到了这样一个糟糕的局面之前：二厂正在进行无氟生产线的改造，德国专家已为此工作了一段时间，但在调试全线的时候，突然提出了停产两周的要求。而这对于产品在市场上供不应求的冰箱股份公司来说，这几乎是不可能的。公司提出的时间表是"顶多三天"。"三天？"德国专家直摇头，认为根本不现实。

因为既与无氟线改造有关，又与产量有关的重要设备——箱体发泡线有关，唐海北分管二厂设备，自然成了主要矛盾中的主要人物。箱体发泡设备的核心问题是进口径向注塞泵老化了。在场的德国专家贝克说："这种泵，在我们那儿从不打开，我也不会修，早该换新的了！"进口新的电机？这可以做到，但是等待的时间赔不起。怎么办？唐海北一时陷入了沉思。

时间分分秒秒地流逝，唐海北的脑子飞快地转着，他不断地提出新方案，随即又不断地否定自己——他就来来回回地在生产线上走着。平日练就的对自动化设备性能烂熟的功夫使他灵感顿生——一个大胆的设想出现在脑海里："何不来个调包，将门体发泡的电机挪到箱体线上？"他赶紧将这个想法和同伴们说了，大家一致认为可行。于是唐海北向厂长马坚提出了他们连夜想出的改造设备的两套方案。

方案是设计出来了，但还需决策层的认可。时间紧急，马坚又叫来设备处处长助理曲志龙，三人又合计论证了一番，认为确实可行，于当晚 12

点汇报给副总经理柴永森。柴永森听了汇报，提出了几个需要注意的问题后，当即决定按唐海北的方案实施。

一个重大的设备改造方案就这么迅速而慎重地决定了。方案通过了，从哪儿先入手？一番冥思苦想之后，唐海北他们决定先弄清箱体和门体径向注塞泵的油流量。为了保证准确无误，他们在生产线前就地搭起了实验台，不厌其烦地进行测试，一遍一遍地用磅秤测流量，一次次地校对油的黏度。几个小时过去了，胳膊酸了，腿麻了，终于证实了门体电机的性能指标与箱体线的要求相近。大家满心喜悦地将门体的电机挪到了箱体上，生产线重新运作起来了。

但是事先考虑到可能出现的问题显露出来了：换到箱体生产线上的注塞泵虽然运行正常，但仍不理想，生产能力只达到设计目标的一半。唐海北立即执行预备方案，果断地决定再挂一个国产泵"接力"。他们风风火火地购回了国产泵。还是老办法：一秒一秒地测算，一桶一桶地称油，一次一次地变换压力……

每个参数动一次，就需变动六种方案，唐海北和同伴们衣服湿了，汗水顺着脸颊滴到设备上……经过 8 小时的调整，终于将国产泵的状态调到了最佳位置，试车时，生产线运行正常，生产能力不但达标，而且比进口原装设备还高出一倍，大家欣喜异常。就在这时，劳累过度的唐海北却一下栽倒在发泡线上。

相处数日的德国专家目睹此情此景，不禁一扫往日脸上的阴霾，竖起拇指，连连感慨：不可思议，海尔人，真了不起！

人人都敬佩像唐海北这样爱岗敬业的人，为什么？因为他们就像一颗螺丝钉，无论是在高楼大厦里，还是在荒郊野外，他们都能坚守岗位，毫无怨言地默默奉献，完成自己的使命。当敬业意识深植于员工的脑海里时，他们做起事来就会像唐海北那样积极主动、兢兢业业，并从中体会到快乐，获得更多的经验。

阿尔伯特·哈伯德说："一个人即使没有一流的能力，但只要你拥有敬业的精神，同样会获得人们的尊重；如果你的能力无人能比，却没有基本的职业道德，也会遭到社会的遗弃。"

敬业是每一位员工最重要的、最基本的精神和行为准则。认真对待每项工作，才能获得事业上的成功。

退出阳光是我一生中最大的挫折

2000 年 3 月，杨澜出人意料地发布了收购良记集团并更名成立阳光文化网络电视控股有限公司的消息。杨澜说想要做个文化商人，因为中国缺少文化商人。她想通过自己的行动做出一番事业，推广文化事业。在新闻发布会上，她胸有成竹地提出了打造阳光文化传媒的计划，对于电视市场的未来前景做了精心的描述。

然而理想与现实总是存在差距的，阳光卫视最终还是成为杨澜一个破碎的美梦，也可以说是杨澜人生里第一次大的挫败。

2000 年杨澜在香港创办阳光卫视时，是抱着一种人文理想在做这件事。然而，3 年之后，由于阳光卫视亏损严重，杨澜不得不转让大部分股权，以求公司能长期地、更好地经营下去。

阳光卫视的失败是其商业运营模式和当时的市场规则不符合造成的。频道创办初期，数字电视在内地开始露出了发展的趋势，依托这样的模式

有针对性地宣传是杨澜预先设定的经营之路。然而，令人想不到的是，数字电视收费模式那时还没有完全建立起来，以至于杨澜的阳光卫视在相当长的时间里走得非常艰难。

那时候杨澜很苦恼，她觉得自己已经很努力了。在接近两三年的时间里，她每天工作 16 个小时，连怀孕的时候还在跟人谈判。从小到大，杨澜所接受的教育就是：只要你足够努力，你就会成功。但后来她发现不是这样，在大方向判断有误时，付出的越多只会越痛苦。所以一开始的策略、定位就不能有偏差，否则无论怎样努力都不会成功。

这是一个富有学者气息的人在商业中碰壁的故事，然而杨澜从未后悔过。在那么艰难的情况下，她创办了大中华区第一个华语历史人文纪录片主题频道，至今她都为此感到骄傲。当然，这段经历也让杨澜明白：如果希望理想站稳脚跟，一定要和市场接轨，只有在现实中才能找到一席之地，否则都是空中楼阁。一个好的文化理想，一定要有一个合适的商业模式，才有可能最终走向成功。

挫折是人生必经的历程，经历过挫折后人才会成长。每个人的一生都会经历很多挫折，而对挫折的认知水平决定了人们未来的发展，我们可以这样说："问题不在于发生了什么，而在于如何对待它。"做某一件事之前，大家应该对自己的行为以及能力进行切合实际的评估，预先设想可能发生的种种状况以及应对的方法。这样的话，即使遭遇挫折也不会太过慌张。如果所遇到的困难是没有预想到的，也不要急躁行事或唉声叹气地怨天尤人，乐观地面对、积极地解决问题才是最重要的。只要已经尽了最大努力去干一件事，即使最终失败了也没有关系。过程比结果重要，而更为重要的是从失败中吸取教训。

不是所有的故事都有美丽的结局

退出阳光卫视是杨澜人生中第一次大的挫折，这让之前一直一帆风顺的杨澜意识到了一个道理，那就是不是所有的故事都有美丽的结局。

我们知道，这个世界上不是所有东西都让人满意，也没有任何一件事物是十全十美的，或多或少皆有瑕疵，人也一样。我们只能尽最大的努力去使它更完美一些。智者告诉我们，凡事切勿过于苛求，如果采取一种务实的态度，就会活得更快乐！

我们一定都知道这样一个小故事：

一个圆环被切掉了一块。圆环想使自己重新完整起来，就到处去寻找丢失的那块。由于圆环不完整，因此滚得很慢，它一路欣赏着路边的花儿，它与虫儿聊天，它享受阳光。它发现了许多不同的小块，可没有一块适合它，于是它继续寻找着。

终于有一天，圆环找到了非常合适的小块，它高兴极了，将那小块装上，然后又滚了起来——它终于成为完美的圆环了。它现在能够滚得很快，以致无暇注意路边的花儿、也无暇和虫儿聊天。当它发现飞快地滚动使得它的世界再也不像以前那样时，它停住了，把那一小块又放回路边，缓慢地向前滚去。

生命中有些东西原本是可以舍弃的，太完美的结局往往就像那个完整的圆一样，会失去很多曾经拥有的快乐。这个故事也告诉我们：也许正是失去，才令我们完美；也许正是缺陷，才体现我们的真实。

人生的许多沮丧都是因为得不到自己想要的东西。其实，我们辛辛苦苦地奔波忙碌，最终的结局不都是只剩下埋葬我们身体的那点土地吗？所以，人生中不管经历了什么，获得了什么，都要学会知足，学会放弃。

假如在一个暴风雨的夜里，你驾车经过一个车站。车站有三个人在等巴士，一个是病得快死的老妇人，一个是曾经救过你命的医生，还有一个是你的梦中情人。如果你只能带上其中一个乘客走，你会选择哪一个？

很多人都只选了其中唯一一个选项，而最好的答案是：把车钥匙给医生，让医生带老人去医院，然后自己和梦中情人一起等巴士。

有时候，如果我们可以放弃一些固执、限制甚至是利益，就像那车钥匙，反而可以得到更多。这里面有很多关于取和舍的深层问题。

《卧虎藏龙》里李慕白对师妹说过这样一句话："把手握紧，什么都没有，但把手张开，就可以拥有一切。"在人生的旅途中，需要我们放弃的东西很多。古人云，鱼和熊掌不可兼得。如果不是我们应该拥有的，我们就要学会放弃。几十年的人生旅途，会有山山水水、风风雨雨，有所得也必然有所失。承认这个世界的不完美，承认不是所有的故事都有完美的结局，我们才能拥有一份成熟，才会活得更加充实、坦然和轻松。

承认失败，学会坚强

人生几多风雨几多愁，每个人的生活都不可能是一帆风顺的。尽管你可能事先作好了充分的准备，仍不免会遭遇失败。而那时我们要做的，就是承认自己的失败，然后爬起来拍去身上的尘土，同时也不要忘了前行的脚步。杨澜在谈到阳光卫视的时候，很坦诚地说："退出阳光是我一生中最大的挫折。"但承认失败并不是消极地自弃，而恰恰是勇敢者走出失败，继续前行的智慧和勇气。对于失败，杨澜不避讳，也不悲观，她说道："一个人的成功和挫折可能着眼于一个偶然因素或某一个重大决定而改变了人生，而她越来越发现人生中做的任何事都不是徒劳的，她笃信积累的力量。"

一个人的社会经历中有了一次较大的失败并不耻辱，只有学习过失

败这门课程，人们的毅力才会更顽强，经验才会更丰富，处理事情也才会更成熟。所以，当我们面对失败时，不要抱怨，不要灰心丧气，应该更加努力。

纵观历史长河，几乎所有成功者的背后都隐藏着数不清的失败。

小说家詹姆斯·哈利在监狱里才开始写短篇小说，之后名扬天下。如果他也像其他人一样，在坐牢时只盼快点熬到头而浑浑噩噩地度过那几年时间，那么他永远也不可能取得后来的成就。

约翰·克利斯在出版第一本书之前，曾写过564本书，并遭到了1 000多次的退稿。但他毫不丧气，结果他的第565本书获得了成功，他成了英国著名的多产作家。

在现实生活中，成功之前的失败更是普遍。初学溜冰的人都免不了无数次的摔跤，但正因为摔跤了，才能掌握溜冰的技巧，最后平衡地在冰场上滑行；篮球初学者一开始都有屡投不中的时候，但就在一次次的失败之中，经验被慢慢积累起来，然后才会有第一次投中篮筐的成功。

没有一个人愿意面对失败，可失败总是在每个人的前进路上，扮演着不可或缺的角色。

善待失败，也是你前行途中必经的驿站。要从失败中进行冷静、公正的回顾，找出失败的原因。同时说服自己，找回信心并以此来增强信心。

坚强是一种品性，是千锤百炼、磨砺出来的结果，坚强是每一个人在不幸中支撑身心的精神支柱。人生是一个磨砺的过程，而坚强便是磨炼出来的精华。生活中的不如意乃至不幸的确存在，只是因为生活之中有了坚强，一切才变成了风雨之后绚丽的彩虹。而对于生活的不如意，女性似乎成了"柔弱"的代名词。但柔弱不等于软弱，女人也有自己的脊梁，女人不应是经不起风雨的花草，而是傲然挺立的木棉。

坚强可以让你坦然面对一切突如其来的挫折，将这些挫折转化为动力，从中总结经验教训，最终走向成功。坚强的第一要素就是绝不放弃，

永不退缩。坚强的第二要素是学会忍耐，做事要有耐心。耐心可换来雨过天晴，耐心可将风险降到最低点，最终助你时来运转。坚强的第三要素是信心。只要你拥有自信，你就能够勇敢地、愉快地面对任何局面。

做个坚强的女人吧！也许你的生活之路现在布满荆棘，也许你的生命之舟开始颠簸摇摆，但是只要你拥有坚强，你就会手持利刃，披荆斩棘，为自己创造出一条更为平坦的道路来。在不如意中，你要做一位信心百倍的船长，掌稳舵，去发现属于自己的新大陆！

不怕摔倒，疼痛之后就是脱胎换骨

人的一生中，挫折总是不可避免的，但如果换一种思维来看待它的话，那就是：有的时候，就是要体会一下粉身碎骨的痛，因为只有经过磨炼，才能认识到什么路可行，什么路不能走。也只有在疼痛之后，才能够找到前进的方向，获得脱胎换骨的进步和成长。

有一个女孩从小就"与众不同"，因为小儿麻痹症，不要说像其他孩子那样欢快地跳跃奔跑，就连平常走路都做不到。寸步难行的她非常悲观和忧郁，当医生教她做一点运动，说这可能对她恢复健康有益时，她无动于衷。随着年龄的增长，她的忧郁和自卑感越来越重，她不敢正视自己的双腿，甚至拒绝所有人的靠近。但也有个例外，邻居家那个只有一只胳膊的老人却成为她的好伙伴。老人是在一场战争中失去一只胳膊的，但老人非常乐观，她非常喜欢听老人讲故事。

这天，这个女孩被老人用轮椅推着去附近的一所幼儿园，操场上孩子们动听的歌声吸引了他们。当一首歌唱完，老人说道："我们为他们鼓掌吧！"她吃惊地看着老人，问道："您只有一只胳膊，怎么鼓掌啊？"老人对她笑了笑，解开衬衣扣子，露出胸膛，用手掌拍起了胸膛……

那是一个初春，风中还有几分寒意，但她突然感觉自己的身体里涌动

起一股暖流。老人对她笑了笑，说："只要努力，一个巴掌一样可以拍响。你一样能站起来的！"

那天晚上，她让父亲写了一张纸条，贴到墙上，上面是这样的一行字："一个巴掌也能拍响。"从那之后，她开始配合医生做运动。无论多么艰难和痛苦，她都咬牙坚持着。她相信自己能够像其他孩子一样行走、奔跑。她要行走，她要奔跑……

11岁时，她终于扔掉支架，又向着另一个更高的目标努力，她开始锻炼着打篮球和参加田径运动。

1960年罗马奥运会女子100米跑决赛，当她以11秒18的成绩第一个撞线后，掌声雷动，人们都站起来为她喝彩，齐声欢呼着这个美国黑人的名字：威尔玛·鲁道夫。

在那一届奥运会上，威尔玛·鲁道夫成为当时世界上跑得最快的女人，她共摘取了3枚金牌，也是第一个黑人奥运女子百米冠军。

别以为剩下一只手就做不成什么事了，一个巴掌也能拍响。

身处逆境，人们会比平日更能激发出巨大的潜能，因此，你不必因恐惧逆境和挫折而去当温室里的花朵。温室里的花朵固然可以安全舒适地生活，但人生不可能一帆风顺，一旦逆境来临，首先被摧毁的就是失去意志力和行动能力的温室花朵，经常接受磨炼的人才能创造出崭新的天地，这就是所谓的"置之死地而后生"。

不因幸运而故步自封，不因厄运而一蹶不振。真正的强者，善于从逆境中找到光亮，时时校准自己前进的目标，人生的冷遇也可能成为你幸运的起点。

其实，每个人的一生都是在失败与挑战中度过的。经验来自于磨难的升华。生活中最可怕的是不能在逆境中用自己的智慧摆脱它，永远被逆境所困。要想摆脱逆境，需要有足够的勇气设法扭转这个局面，不要逃避，不要气馁，以此为跳板，这样才能跳进成功之列。

Lesson10
《杨澜访谈录》：
卓越源于高效的
团队

强将手下无弱兵

2001 年，杨澜推出了以采访世界各地名人为特色的《杨澜访谈录》。与以往不同的是，杨澜参与了更多的过程制作，在台前和幕后中频繁转换着角色。而且当时由于经费紧张，《杨澜访谈录》的制作班子很多时候都是在一种条件相当简陋的情况下搭建组成的。

通常情况下，一个节目的制作班组需要很多成员的参与来保持节目的正常制作和后期编辑，至少有一个导演，一个副导演，几个摄影师，以及撰稿人、制片人、场记、灯光、道具、化妆师、服装师等，但在杨澜的团队里，她身兼编导、撰稿人、主持人，外带一个专职的统筹、一个策划人。至于拍摄团队则是随时调用，与其他节目组共用的。坐在电视机前收看节目的观众可能根本想象不到，那么美丽的电视画面，那么精彩的访谈节目竟然只是由几个人制作出来的。

对此，杨澜说道："做这个访谈节目，我们有创新。一个是当时对这

个也特别感兴趣，愿意去钻研这个事，去总结一些规律性的东西，最后实在没办法就自己看书，摸着石头过河。"另外更重要的一点是，杨澜说她很幸运地拥有一个高效的团队，在当时那么艰苦的条件下，《杨澜访谈录》节目制作组的人都毫无怨言，每个人都尽心尽力，这给了杨澜很大的信心，也是节目能够高效高质制作出来的关键。

杨澜说她的信心来自团队，而节目制作组的多位成员在谈起这支"梦之队"时，都不约而同地表示说他们之所以能够在艰苦的条件下迸发出最大的热情，与杨澜的兢兢业业是分不开的。他们说，看着杨澜一个人又要写稿子，又要当导演，还得披挂上阵做主持，但她毫无怨言，总是那么优雅自信，神采奕奕，把一切都安排得井井有条。她所做的一切让节目制作组的人都不好意思再喊苦喊累了。在她的感染下大家的激情不知不觉就被调动起来了，那份投入感和成熟感使得一切困难都变得微不足道了。

俗话说：强将手下无弱兵。杨澜的敬业和优秀带动了整个团队，而高效的团队又反过来给了杨澜无穷的力量，这才有了《杨澜访谈录》的成功。一个人的成功离不开团队，同样，一个团队的凝聚力也离不开核心人物的带动。

孤独的勇士成不了胜利的王者

从《杨澜访谈录》这档节目的幕后制作过程中，我们可以看到，卓越来自于高效的团队，一个人能力再强，离开了集体的力量，也成就不了辉煌的事业。在职场中，一个具有成功潜质的人总能自觉地找到自己在团队中的位置，自觉地服从团队运作的需要，把团队的成功视为发挥个人才能的目标。他不是一个自以为是、好出风头的孤胆英雄，而是一个充满合作激情、能够克制自我、与同事共创辉煌的人。因为他明白，离开了团队，他将一事无成，而有了团队的合作，他可以与别人一同创造奇迹，让自己

的品牌更持久。

雁群在天空中飞翔，一般都是排成人字阵或一字的斜阵，并定时交换左右位置。生物学家们经过研究后得出结论：雁群这一飞行阵势是它们飞得最快最省力的方式。因为在飞行中后一只大雁的羽翼，能够借助前一只大雁的羽翼所产生的空气动力，使飞行省力。一段时间后，它们父换位置，目的是使另一侧的羽翼也能借助空气动力缓解疲劳。这就是所谓的"雁阵效应"。

"雁阵效应"带给人们这样的启示：大雁靠着团结协作精神，才使得自己凌空翱翔，完成长途迁徙。大雁如此，员工亦如此，唯有顽强拼搏、团结协作才能让自己和公司走得更远、更高。

第二次世界大战时，在德国柏林东南有一座战俘营，为了逃脱纳粹分子的魔爪，250多名战俘准备越狱。在纳粹分子的严密控制之下实施越狱计划，战俘们必须进行最大限度的合作，才能确保成功。为此，他们明确地进行了分工。

这项工程复杂无比。首先要挖地道，而挖地道和隐藏地道极为困难。战俘们一起设计地道，动工挖土后，又拆下床板木条支撑地道。他们处理新鲜泥土的方式更令人惊叹，他们用自制的风箱给地道通风吹干泥土。他们制作了在坑道中运土的轨道和手推车，在狭窄的坑道里铺上了照明电线。所需的工具和材料之多令人难以置信：3 000张床板、1 250根木条、2 100个篮子、71张长桌子、3 180把刀、60把铁锹、212米绳子、638米电线，还有许多其他的东西。为了寻找和搞到这些东西，他们绞尽了脑汁。此外，每个人还需要普通的衣服、纳粹通行证和身份证以及地图、指南针和干粮等一切需要用到的东西。担任此项任务的战俘不断弄来一切可能有用的东西，其他人则有步骤、坚持不懈地贿赂甚至讹诈看守。

每一个人都有各自的分工：做裁缝、做铁匠、当扒手、伪造证件，他们日复一日地秘密工作，甚至组织了一些掩护队，吸引德国哨兵的注意力。

不仅如此，他们还成立了"安全队"负责"安全问题"。纳粹分子雇用了许多秘密看守，混入战俘营，专门防止越狱。"安全队"监视每个秘密看守，一有看守接近，他们就会悄悄地发信号给其他战俘、岗哨和工程队员。

由于众人的密切协作，在一年多的时间内，他们竟然奇迹般地躲过了纳粹分子的严密监视，成功地完成了这一切。

在这里，个人英雄主义是无法赢得胜利的。工作如战斗，将协作精神发挥到最大值的人，才有希望戴上幸运的桂冠。

如今，"善于与他人合作，具有团队精神"，已成为许多公司招聘员工时一项重要的衡量标准。团队精神是现代公司成功的必要条件之一，也是员工获得成功的重要因素。老板眼中的优秀员工，不一定是能力最强的员工，但一定是最具有团队意识、能够把自己融入整体团队之中的员工。

美国通用电气的前总裁杰克·韦尔奇说过："我喜欢富有团队意识的员工，因为在一个公司或一个办公室中，几乎没有一件工作是一个人就能够独立完成的。大多数人只是在高度分工中担任一部分工作。只有依靠部门中全体职员的互相合作、互补不足，工作才能顺利进行，才能成就一番事业。"

相传佛教创始人释迦牟尼曾经问他的弟子："一滴水怎样才能不干涸？"弟子们面面相觑，无法作答。释迦牟尼说："把它放到大海里去。"一滴水只有融入大海才能生存，才能掀起滔天巨浪。同样，一个人再优秀，凭借一己的力量也很难取得成功，只有借助集体的力量，才能使工作更好地进行，并最终取得事业的成功。

团队的锁链，每个人都是关键的一环

大家一定都听说著名的"水桶效应"：一只水桶想盛满水，必须每块木板都一样高且无破损，如果这只桶的木板中有一块不齐或者某块木板下

面有破洞，这只桶就无法盛满水。而且一只水桶能盛多少水，并不取决于最长的那块木板，而是取决于最短的那块木板。就是说一个水桶无论有多高，它盛水的高度取决于其中最低的那块木板。

在团队合作中，"水桶效应"同样发挥着它的作用。要想让团队更好地发挥出它的凝聚力和创造力，就要重视团队中的每一分子。

在团队的锁链上，每个人都是关键的一环，那么怎样才能加强与同事间的合作，把自己培养成为一个有团队精神的人呢？

1. 积极乐观

即使是遇上了十分麻烦的事，也要积极乐观，你要对你的伙伴们说："我们是最优秀的，肯定可以把这件事解决好，如果成功了，我请大家喝一杯。"

2. 平等友善

即使你各方面都很优秀，即使你认为自己以一个人的力量就能完成眼前的工作，也不要显得太张狂。要知道，单靠你一个人的力量是无法完成一切工作的。还是平等友善地对待你周围的人，和大家同心协力。

3. 创造能力

培养自己的创造能力，不要安于现状，试着发掘自己的潜力。一个有着不凡表现的人，除了主动保持与人合作以外，还需要有独特的创造力。

4. 善于交流

同在一个办公室工作，你与同事之间会存在某些差别，知识、能力、经历造成你们在处理工作时，会产生不同的想法。交流是协调的开始，把自己的想法说出来，同时也要听听对方的想法。你要经常说这样一句话："你看这事怎么办？我想听听你的想法。"

5. 接受批评

请把你的同事当成朋友，坦然接受他的批评。一个对批评暴跳如雷的人，每个人都会敬而远之。

　　在同一个办公室里，同事之间有着密切的联系，谁都不能单独地生存，谁也脱离不了群体。依靠群体的力量，做合适的工作并且获得成功，其实不仅是自己个人的成功，更是整个团队的成功。相反，明知自己没有独立完成工作的能力，却被个人欲望或感情驱使，去做一个根本无法胜任的工作，那么失败的几率也一定更大。这不仅是你一个人的失败，而且会牵连到周围的人，进而影响到整个公司。

　　由此不难看出，一个团队对一个人的影响十分巨大。善于合作，有优秀团队意识的人，团队也能带给他无穷的收益。一个员工要想在工作中快速成长，就必须重视团队中的每个环节，依靠团队的力量来提升自己。企业是一艘巨大的航母，每一个员工都是它不可或缺的一部分。这艘航母能否朝着企业的预定目标前进，完全依赖于全体员工的精诚合作。只有每一个员工的力量都保持一致，企业前进的利箭才会以无坚不摧的力量射中靶心。

Lesson11
《天下女人》
说女人天下

本真的回归——文化才是我的归宿

2005 年，杨澜推出了全新的针对中国都市女性观众的大型谈话节目《天下女人》。与《杨澜访谈录》不同的是，《天下女人》关注的是普通人的情感生活。杨澜也由一个关注政治经济的电视人，转变为一个关注普通人情感生活的智慧女人。在这里，我们看到的是一个更真实、更放松、更智慧的杨澜，因为这里不仅仅有聊天的话题，更多的是对天下女人的一种人文关怀和情感关注。如果要给杨澜的这次转型起个名字的话，那就是"本真的回归"。

在电视传媒领域走过这么长的一段路，有过辉煌，也有过失败。到《天下女人》这个阶段，杨澜已经不再把电视制作当成一种商业手段，而是回归到了文化艺术的范畴。她坦言："文化才是我的归宿。"

对于杨澜来说，工作已成为一种品牌事业，成为一种生命内在的需要。

每个人在最初选择职业的时候，即使经过了反复的思考，仍然不可能对自己有全面而透彻的了解。在工作的过程当中，我们会慢慢发现自己的兴趣所在，发现自己在某一方面的特长，这时我们就需要做出积极的调整。

蒙妮坦国际集团有限公司董事长郑明明女士也是在经过了一番探索和曲折后，才找到了自己的兴趣所在并为之努力，最终成就了自己的一番事业。

在印度尼西亚的华人圈子里，郑明明的外交官父亲很有名望。郑明明读小学时，有一天父亲特地将香港作家依达的小说《蒙妮坦日记》推荐给她。这是依达的成名作，书中描写了一个叫蒙妮坦的女孩子经过了爱情、事业的挫折之后，最终实现了自己的梦想。按照父亲的设想和愿望，女儿以后应该也是个"高级知识分子"。郑明明受父亲的影响，也认为自己长大后应该成为那样的人。

然而，长大后的郑明明却发现自己对美的事物更感兴趣。当她在街上看到印度尼西亚传统服装——纱笼布上那精美的手绘图案时，她被艺术的无穷魔力深深吸引住了，被那些给生活带来美丽的手工艺人的精湛技艺感动了，从此她便萌发了从事美丽事业的念头。

郑明明坚持要为自己负责，要走自己想走的路。她违背了父亲对自己的期望，放弃了当个"高级知识分子"的目标，瞒着父亲到了日本，在日本著名的山野爱子学校开始了美容美发的学习。由于得不到父亲的支持，来到日本的她当时身上只有 300 美元，这些钱在交完学费、住宿费后所剩无几。冬天，她的同学都穿着各式各样的皮衣，而她只有一件破旧的黑大衣御寒。平时下了课，郑明明还要到美发厅打工，一是为了挣钱，二是为了学习人家的经验。在打工期间，她仔细观察每个师傅的技术、顾客的喜好、店里的管理等，以盘算自己未来的事业蓝图。

从日本的学校毕业以后，郑明明来到了香港，租了间店铺，成立了蒙

妮坦美发美容学院。万事开头难，创业初期，她一人身兼数职，既是老板，也是工人；既迎宾，也要给顾客洗头。坚信"时间就像海绵，要是挤总会有的"的郑明明每天早起晚睡，至少工作 11 个小时。可是忙碌之余，她还有个雷打不动的习惯，就是到了晚上把白天顾客留下的姓名、特征、发型等资料建成档案，以后经常翻阅，也便于下次和顾客沟通。

虽然经历了很多的磨难，但郑明明从来不觉得有多苦，相反做自己想做的事，她觉得自己活得很充实，很有意义。郑明明终于成功了，她成立了一家又一家分店，并把"战场"从香港转向内地。从此，人们知道了蒙妮坦，也知道了郑明明。

如果郑明明按照父亲的意愿走上那条中规中矩的道路，凭借她的资质，说不定现在也会很成功，但是绝对不会比现在的她更辉煌。因为她选择了自己兴趣所在的道路，所以会甘愿付出更多的努力和坚持。通常来说，也只有聚焦了你的兴趣，让工作真正成为展示智慧和才华的舞台，你才能彻底打碎枷锁，从工作的奴隶变为工作的主人，才能体会到成长的快乐和人生的幸福。

事业不仅仅是工作

对待工作，人们一般有两种态度：一种态度是把工作当成事情来做，另一种态度是把工作当成自己的事业来做。"事情"与"事业"虽只有一字之差，但往往就成了失败与成功的分水岭。成功者不仅把工作当成自己的事业，更是作为品牌事业来经营，而失败者往往把工作当成是一件事情来做。貌似相似实则截然不同的态度，使成功者与失败者在收获的成果上大相径庭。

日本的"经营之神"松下幸之助是举世皆知的成功企业家，他的经营哲学是：把工作当成自己毕生为之奋斗的品牌事业，日积月累，用心做好

每一天的事。

松下幸之助常说，之所以获得成功，是因为他从内心里将自己的工作当成品牌事业。他指出："我并没有那么长远的规划，只是珍视每一个日日夜夜，做好每一项工作，这是我今日能辉煌的秘诀。当年，我并没有什么要建一座大工厂的远大规划。创业初期，一天的营业额仅一日元，后来又期盼一天有两日元，达到两日元又渴望三日元，如此而已，我只不过是努力地做好每一天的工作。"他在一次演讲中还说道："迄今为止，每当遇到难题的时候，我都扪心自问，自己是否以生命为赌注全力对待这项工作？当我感到非常烦恼苦闷时，往往是因为没有全身心地投入工作。由此我便洗心革面，全力向困难挑战。有了勇气，困难便不成其为困难了。青年胸怀大志的确是件好事，然而，为达到这个目的，首先必须把自己的工作当成一生的品牌事业，并由此而日积月累，珍视每一天的每一件工作，循序渐进地进步，长此下来，最终将成就伟大的事业。"

真正聪明的员工会像松下幸之助那样善待自己的工作，并把工作当成自己一生的品牌事业。他会让自己忙起来，在忙碌中体会生命的力量和工作的愉悦。忙人才是快活人，他对自己的工作甘之如饴，以至于没有空闲的工夫来体会或诉说自己是怎样的劳苦，我们当然就不会听见他有什么抱怨。喜欢发牢骚的人总是那些不认真工作而又好高骛远的人，他之所以痛苦，并不是因为工作本身，而是由于自己错误的态度与浮躁的心态。

美国西北大学的校长沃尔特·司各脱说："过度工作并不像一般人所想象的那样危险，也不像很多人认为的那样普遍。有许多人把工作过度和实际工作过少而担心工作过多混为一谈。如果一个人一天做完事下来很有成就感，那么不管这一天的工作多么辛苦，他的内心都是舒适和满足的。反之，如果一天下来无所事事，没有成就感，即使这一天过得再清闲，他的内心都是焦灼而失望的。要是一个人对工作怀着浓厚的兴趣，觉得战胜工作中的困难就是一种快乐，那么，他与那些把工作看成一种负担的人相

比，不仅不会觉得疲倦，反而会觉得轻松一些。"

此言不虚，那些无所事事的人总是担忧失业，思考"35岁以后怎么办"，结果愈来愈感觉前途迷茫。而把工作当成自己一生的品牌事业的人，一个典型的表现就是：虽然忙碌，但充满了激情、活力与自信心，为了实现自己的目标而不知疲倦地工作。

正如罗丹所说："工作就是人生的价值、人生的欢乐，也是幸福之所在。"当你把工作视为一种品牌事业来经营建设，当工作成为一种生命内在的需要时，它才能聚焦你的兴趣，才能体会到成长的快乐和人生的幸福。一名优秀的员工是把职业当品牌打造的人，把工作当成自己的品牌事业，就没有干不好的事，用前瞻性的眼光和睿智的思考来对待自己目前正在从事的工作，用经营品牌的态度来做好工作，在做好工作的同时也在开拓自己的事业。职业仅仅能获取薪水，而品牌则能创造持续的价值。在经营品牌事业中激活你的工作热情，快乐地打理自己的品牌事业，收获成功与幸福吧！

快乐工作等于快乐生活

自从杨澜踏进电视媒体这个行业，自从杨澜给了自己主持人的定位，她的努力、她的成功就已决定了她是个停不下来的人。她的生活每天都排得满满的，但还是有许多无法摆脱的电话邀请，"你不主持谁主持？"因为这句话，杨澜的工作日程又得多添上几行。但杨澜并不以此为苦，"忙并快乐着"是杨澜一贯的工作状态，虽然有时候会累得只想休息，虽然有时候想多陪陪家人，但工作对杨澜来说也是一件快乐的事，永远值得她充满激情地去为之奋斗。而这无疑得益于杨澜对自己的恰当定位，以及她合理的工作安排和高效率的做事方法。

对于大多数人来说，人的一生，除了吃饭睡觉，最主要的活动就是工

作了。工作，首先为了满足人类最基本的需求：生存以及更好的生存；其次，从较高的层面来说，工作还是人们体现自我价值，创造社会财富的最主要途径。只可惜很多人都只把工作当成了谋生的手段。其实工作几乎占了我们每天 1/3 还多的时间，如果仅仅把工作当做一件枯燥的任务，那我们的生活将是多么乏味？在一定意义上来说，快乐工作就等于快乐生活。但快乐不是天生的，它不会主动跑来，而需要我们主动向它走去。

首先，正确的职业定位是快乐工作的基础。每个人的特长和兴趣爱好都不一样，适合的工作也就不一样。在对自己的职业做出规划时，首先要弄清楚自己的专长和爱好所在，以此作为择业的标准。如果以前你选择错了，不要紧，从发现错误的那一刻起去改正它，这永远都不算太晚。正确的职业定位是你实现自己的理想，享受工作快乐的基础。

其次，工作的效率也是你能否快乐工作的关键因素。试想，拖延的工作作风会给我们带来什么，相信很多人都会有所体会，当时间、精力在拖延中一点点被消磨掉，当没做完的工作越来越多，而限定时间越来越近的时候，那种被压迫的沉重感不是谁都可以谈笑应对的，有很多人在工作中慢慢变得烦躁不安，心情恶劣。因此，要学会管理自己的时间，把有限的时间合理地分配好，今天的工作不要推到明天做，"今日事，今日毕"是保证工作效率的有效方法。当然要保证工作效率，工作能力也是非常重要的，要能胜任自己的工作，就必须不断地给自己"充电"。很多年龄较大的女性都失去了学习的兴趣，其实身处飞速发展的社会中，每个人都需要不断地学习，才能跟得上社会发展的脚步，而且多接触一下新鲜的知识也有助于你保持年轻的心态，更积极地去感受生活中的改变。

最后，良好的人际关系也是快乐工作的保障。剑拔弩张的工作氛围肯定很难给人带来愉悦感，和谐轻松的工作环境不仅有助于提高工作效率，也有助于放松心情，在工作中更多地感受到快乐。因此，聪明女人还要懂得处理好同事间的关系，把握交往的分寸，用真诚去对待他人，为自己赢

得一个愉快的工作环境。

如果你还在把工作当成一项必须承受的"痛苦"，就试着从以上几个方面去改变一下吧，相信你会有意想不到的收获。"我工作，我快乐"将不再只是一句口号，而是你能够享受到的幸福！

做成功路上永远的探索者

杨澜，她是个电视界传奇般的女人。她是中央电视台《正大综艺》主持人，并以此获得中国首届主持人"金话筒"奖；她与上海东方电视台联合制作的《杨澜视线》节目，成功发行于全国52个省市电视台；她推出以采访世界各地名人为特色的《杨澜访谈录》；她主持针对中国都市女性观众的大型谈话节目《天下女人》；她以5.5亿元的捐款额高居胡润"2006中国慈善排行榜"第二名。

这些不停转换的身份令人炫目，这些成就斐然的事件令人惊异，但这就是杨澜，一个不断挑战自己、不断创新的人。她的脚步从不肯驻足停留，她渴望着能到更加宽阔的天地去遨游，她要探索下一座山峰，抵达下一个风口浪尖。她就像是阳光下的一只蝴蝶，在自己的天地里传递着一种美丽与精彩。

曾经有位名人说过："生命是一个奥秘，它的价值在于探索。"能变通者才能生存，"物竞天择，适者生存"的准则，不仅是自然界的生存法则，也是人类社会不断发展的内在规律。不论是生物学家还是社会学家都承认，害怕变化、不敢冒险的"安全者"们都会被淘汰。女人自身总有一种不安全感，这使得她们特别眷恋安稳的感觉，从而会养成一种名为"懒散"的毛病。而平凡的女人，之所以一生没有大的成就，因为她们一直在追求一种安全平稳的生活，一旦得到比较稳妥的位置，便会固守现状不求进取了。

从前，一位富翁要出门远行，临行前他把仆人们叫到一起并把财产委托给他们保管。依据他们每个人的能力，他给了第一个仆人 10 两银子、第二个仆人 5 两银子、第三个仆人 2 两银子。

一段时间之后，富翁远行归来。拿到 10 两银子的仆人带着另外 10 两银子来了。富翁说："做得好，你是一个对很多事情都充满自信的人。我会让你掌管更多的事务。现在就去享受你的奖赏吧。"拿到 5 两银子的仆人带着他另外的 5 两银子来了。富翁说："做得好，你是一个对一些事情充满自信的人。我会让你掌管很多事务。现在就去享受你的奖赏吧。"

最后，拿到 2 两银子的仆人来了，他说："主人，我知道你想成为一个强人，收获没有播种的土地。我很害怕，于是把钱埋在了地下。"富翁回答道："又懒又缺德的人，你既然知道我想收获没有播种的土地，那么你就应该把钱存到银行家那里，以便我回来时能拿到我的那份利息。"

第三个仆人，因为害怕变化，恐惧风险，便无所作为，以为这样就保住了富翁的财产，会得到他的赞赏，结果得到的却是一顿训斥。有些女人就像第三个仆人一样，过于追求安全感，结果畏首畏尾、毫无作为。

眷恋安稳的女人在开始做一件事情之前，总是会做过多的准备工作。她们认为每一项计划和行动都需要完美的准备。她们只在自己熟悉的领域搭建一个舒适的温室，比如说爱待在家里无所事事，将"在家靠父母，出门靠朋友"这句话彻底执行。她们不敢向陌生的领域踏出一步，对生活中不时出现的那些困难，更是不敢主动发起"进攻"，只是一躲再躲。她们认为保持自己熟悉的一切就好，对于那些新鲜事物，还是躲远点好，否则，就有可能撞得头破血流。安稳是一个陷阱，让她们丧失了斗志和激情，她们不敢打破固有的生活方式，不敢寻求新的改变，结果在懒散之中松弛了自己的皮肤和精神，犹如一个 80 岁的老妪一般。

西方有句名言："一个人的思想决定一个人的命运。"做任何事都要求安全感，不敢挑战冒险，是对自己潜能的否定，只能使自己的潜能不断地

缩小。

香奈儿这个名字是一个传奇，她从来就不是一个安于本分的人，而她的名字后来竟成为女性解放与自然魅力的代名词。她年轻时是巴黎一家咖啡厅的卖唱女，她特别在意自己个性极强的生活。香奈儿经历过一次失败的情感——18岁时当了花花公子博伊的情妇。但她没有就此沉沦下去，而是借助博伊的帮助开了三家时装店，使她的服装进入了巴黎的上流社会。

对于浮夸与矫情的上流社会，香奈儿的礼服是玛戈皇后装的翻版。香奈儿和她的服装充满了怪异，但也充满了致命的吸引力。有一次，她的长发不小心被烧去几绺，于是她索性拿起剪刀把长发剪成了超短发。在她走进巴黎舞剧院之后的第二天，巴黎贵妇们纷纷找到理发师给她们剪"香奈儿发型"。无论是香奈儿的香水还是香奈儿的服装，真正的魅力在它们的制造者身上。

不安于封闭在家中的个性给了香奈儿成功的灵感和动机，让香奈儿走出了"安稳"的牢笼，成为世界上最著名的服装设计师之一，创造了一个经典的品牌。

不管你的外表是美的还是丑的，也不管你的心智是聪明的还是愚笨的，都要凭着自己的心性去过自己想要的生活，而不要被"安稳"的陷阱温柔地杀死。多一些冒险精神，做一个独立的个体，经济独立、事业进步、感情丰富而理智，这样的女人永远自信快乐，这样的女人也能永葆青春。

第五篇

幸福晋级：以"大女人"的心态去生活

　　杨澜倡导女性要做"大女人"。什么是"大女人"？大女人的定义也许就是抛弃那种斤斤计较、哀哀怨怨的情怀，以一种阳光心态，用热情、开朗，对生活充满信心，对自己的生活负责，不断追求自我成长机会的态度去享受生活。

　　杨澜说："女人就应该这样，最重要的是你要寻求内心的成长。永远不要把男人、周围环境当做敌人，大女人应当对自己的成长负责，她不觉得自己的成长是男性、周围环境或者其他人应该为自己做的事儿，而应该有自我负责的态度，好好把自己管理好。"

Lesson12
女人本来
就是天使

爱自己，女人本来就是天使

在《天下女人》的演播室，每当杨澜微笑着走到观众面前的时候，第一句话总是："女人本来就是天使。欢迎大家做客《天下女人》节目。我是杨澜。""女人本来就是天使"，既是这个节目的口号，也是主旨所在。杨澜办节目的初衷就是以一种温馨的形式来诠释女人的幸福感，在这个前提下关注女人的生活和心理状态，让女人以更自信、更乐观的态度去面对生活。

每个人都不可能完美无缺，只有从内心接受自己，喜欢自己，坦然地展示真实的自己，才能拥有成功快乐的人生。

每个女人都要知道，在这个世界上，你是自己最要好的朋友，你也可以成为自己最大的敌人。在悲喜两极之间的抉择中，你的心灵唯有植根于积极的乐土，才能获得对人对己的宽容。学会从内心善待自己，你会觉得阳光、鲜花、美景总是离你很近。你平和的心境就是滋养自己的沃土。

女人要爱自己，要按自己喜欢的方式去生活。女人想生活得幸福，必须懂得按自我的方式生活。如果你一味地遵循别人的价值观，取悦别人，最后你会发现"众口难调"，每个人的喜好都不一样，失去自我，这便是自己人生中痛苦的根源。

辛迪·克劳馥对于中国的中青年来说，几乎是无人不晓。作为一代名模，她也曾经和许多模特一样，缺乏主见，也几乎和许多模特一样，差点沦为有钱人摆弄的花瓶。但她及时意识到了自己的个性弱点，主动调整自己的性格，展示出了她独有的魅力，牢牢将命运掌握在自己的手中。

她在 18 岁的时候中学毕业，由于成绩优秀，进入美国西北大学学习，因为这所大学为她提供了化学工程专业的奖学金。大学里的辛迪，是一朵盛开在校园的鲜艳花朵，走到哪里，哪里就发出一阵惊呼。那个时候，她已经身材修长、亭亭玉立，再加上漂亮的脸蛋，匀称修长的腿，实在是美极了。当时，人们对她赞不绝口。的确，她的整体线条是那么的流畅，浑然天成，一切就像是天造地设似的。难怪，在同学当中，她是那么的引人注目。

在这期间，有一个摄影师发现了她，拍了一些她不同侧面的照片，然后挂在他自己的居室墙上。同时，她的照片刊在《住校女生群芳录》中，她的脸、她的身体、她的名字，第一次出现在刊物上。很快，她被带到了城市里的模特经纪公司。但是一开始，她就碰了壁，因为这家公司竟说她的形象还不够美。她感到伤心，而令她更伤心的是，那个经纪人认为她嘴边的那颗痣必须去掉，如果不去掉，她就没有前途。但是辛迪坚持不肯去掉。

成名之后，她回忆起这件事的时候说："小时候，我一点都不喜欢那颗黑痣，我的姐妹们都嘲笑它，而别的孩子总说我把巧克力留在嘴角了。那颗痣让我觉得自己和别人不一样。后来，我开始做模特儿，第一家经纪公司要我去掉那颗痣。但母亲对我说，你可以去掉它，但那样会留下疤

痕。我听了母亲的话,把它留在了脸上。现在,它反而成了我的商标。只有带着它到处走,我才是辛迪·克劳馥。有人跑来对我说,她们过去讨厌自己脸上的小黑痣,但现在她们却认为那是美丽的。从这个意义上来说,这是件好事,因为人们变得乐于接受属于自己的一切,尽管他们过去并不一定喜欢。人应该爱自己的全部,那样你才会感到自身的魅力。一旦你看上去既美丽又自信,就会发现周围的人对你刮目相看了。"

辛迪·克劳馥的经历告诉我们,你才是自己的中心,一个人无须刻意地去追求他人的认可。只要你保持自我本色,按自己的方式生活,生活中没有什么可以压倒你,你可以活得很快乐、很轻松。因为生活中原本就没有什么一成不变的条条框框,只要你去改变,世界也会随着你变。

正视不完美,做最好的自己

有许多女性都生活在自卑和无助当中,这种自卑让她们无法体会到生活的幸福。对此,杨澜说道:"我记得台湾一个美学评论家说过:美其实就是自己,我们不可能幻想有戴安娜的容貌,也不可能在有生之年去做一个王妃,只要能找到自己,身边的人也会过得很舒服。"女人最重要的就是找到自己,做最好的自己,相信自己是天使,然后勇敢地飞翔,找到属于自己的天空。

生活中大多数人都容易自怜自艾、自我批判,他们最常说的就是"我身材不好"、"我能力太差"、"我总是做错事"……其实,换个角度欣赏自己,你就会看到每个人的生命中都充满了阳光,只是有时候,偏离轨道的乌云遮住了心中的灿烂。

加拿大一位叫让·克雷蒂安的少年,曾因疾病导致左脸局部麻痹,嘴角畸形,说话口吃,讲话时嘴巴总是向一边歪,而且还有一只耳朵失聪。为了避免成为众人的笑柄,他总是尽可能地少讲话,远离人群。慢慢地他

变得有些自闭了，甚至对着自己的母亲也不愿意开口讲话。

母亲看着日益沉默的孩子非常焦虑，到处打听能治好他的方法。后来，听一位医学专家说，嘴里含着小石子讲话可以矫正口吃。母亲鼓励他要正视自己的缺点，并抓住一切可能的机会去改变它们。于是，克雷蒂安就整日在嘴里含着一块小石子练习讲话，以致嘴巴和舌头都被石子磨烂了。功夫不负有心人。终于，克雷蒂安能够流利地讲话了。他勤奋且善良，中学毕业时不仅取得了优异的成绩，而且还有极好的人缘。

1993年10月，克雷蒂安参加全国总理大选时，他的对手攻击、嘲笑他的脸部缺陷。对手说："你们要这样的人来当你们的总理吗？"然而，对手的这种恶意攻击却招致大部分选民的愤怒和谴责。当人们知道克雷蒂安的成长经历后，都给予他极大的同情和尊敬。在竞选演说中，克雷蒂安诚恳地对选民说："我要带领国家和人民成为一只美丽的蝴蝶。"结果，他以极大的优势当选为加拿大总理，并在1997年成功地获得连任，被加拿大人亲切地称为"蝴蝶总理"。

生活总是不能圆满的，它总会给人生留下很多空隙，这其中最大的空隙就是理想与现实的距离。也许你想成为太阳，可你却只是一颗星星；也许你想成为大树，可你却只是一株小草；也许你想成为大河，可你却只是一泓山溪……于是，你很自卑，总以为命运在捉弄自己。其实，你不必感到在欣赏别人的时候，一切都好；审视自己的时候，却总是很糟。和别人一样，你也是一道风景，也有阳光，也有寒来暑往，甚至有别人未曾见过的一株春草，甚至有别人未曾听过的一阵虫鸣……做不了太阳，就做星星，让自己的星座，发热发光；做不了大树，就做小草，以自己的绿色装点希望；做不了伟人，就做实在的小人物，平凡并不可卑，在变成天鹅之前，我们每个人都是一只丑小鸭。

每个女人都有自己的优势，只是有时自己看不到或没有发掘。就像每个女人都羡慕西施的绝世美貌，连她生病皱眉的样子都很迷人。但反过来

我们想想，这个世界上还有什么比健康的身体更重要呢？所以说，每个女人都有足够自信的理由，没有必要刻意地模仿别人，做最好的自己，不用再怀疑，你就是天使。

相信自己能飞翔，才能拥有翅膀

在观众面前的杨澜总是那么自信满满，优雅大方，其实杨澜也同样自卑过。在高考中以优异的成绩考入大学的杨澜，却在外语系遇到了从未有过的挫败感。我们可能无法想象很早就可以用英语侃侃而谈的杨澜，在大学时却常常为英语口语听力而苦恼，使得她甚至怀疑自己选择英语专业是不是个错误的决定。但杨澜最终战胜了这种自卑心理，她在日记中写道："明天我要有一个全新的开始，一定要充满信心地把自己的听力提高上去。"在这种积极的心理指导下，杨澜慢慢地重新找回了自信。我们在悉尼歌剧院、在肯尼迪艺术中心的舞台上，一次又一次地听到杨澜令外国人刮目相看的流利英语。

我们每个人在成长的过程中都免不了被自卑困扰，自卑并不可怕，但我们要有勇气走出自卑的阴影，只有相信自己能够飞翔，我们才能拥有翅膀。

被中国经理人尊称为"打工皇后"的吴士宏女士，她的一生颇具传奇色彩。她当过护士，通过自学获得英语大专文凭。1985年考入IBM公司，从勤杂工做起，经过十载奋斗，成为IBM华南分公司总经理；1998年2月受聘担任微软（中国）公司总经理；1999年年底加入中国知名企业TCL集团，任TCL集团副总裁、TCL信息产业（集团）有限公司总经理。但就是这样一位传奇式的人物，也曾深深地被自卑困扰过。

1985年，她鼓足勇气，穿过那威严的大门，走进了一家外企服务公司，当她顺利地通过两轮的笔试和一次口试之后，主考官问她会不会打

字、一分钟能打多少时，从未摸过打字机的她硬着头皮说自己会。面试结束后，她飞似的跑去向亲友借了 170 元买了一台打字机，没日没夜地敲打了一星期，练到双手连筷子都拿不住，就这样竟奇迹般地敲出了专业打字员的水平。虽然后来入职时并没有补考她的打字水平，但是这种专业水平却在 IBM 公司里得到了施展，她成了"蓝色巨人"IBM 公司北京办事处的一名员工。按照吴士宏自己的说法，在 IBM 的前几年，她扮演的是最卑微的角色，沏茶倒水、打扫卫生，完全是脑袋以下肢体的劳动。几次屈辱的经历使她再也不能忍受了，她开始偷偷地找机会，她去找高级员工中唯一敢说话的人，一个优雅的美国人苏珊，苏珊给了她考试的机会，她居然考过了！她成了不可思议的助理工程师。苏珊则是一如既往地优雅和善，并说："不用谢我，是你自己做到的。"

IBM 是她建立自信的开端，教会了她无论何时都要正视他人。正如她所说的那样："那段生活对我的影响也很大，倒并非是打杂之类的工作有什么屈辱，而是身处一群无比优秀的真正白领阶层中，常常会觉得自己真的没有能力、没有价值。这样一种感觉就是自卑，它伴随我很长一段时间。自卑可以像一座大山把人压倒而让你永远沉默，也可以像推进器那样产生强大的动力。有一位作家谈自尊，认为首先要接受自己，对自己负责，完善自己，做真实的自我。我发现自卑的成因源自不接受自己，没有对自己真正负责。我后来花了几年时间才克服并超越了这种自卑。自卑之后，才有升华，而有了自信，可以促使你做更多的事情。"

后来，吴士宏成了"超级销售明星"，再后来，还有人说她"好看"。说她好看的是个美国女人，是她在 IBM 的老板之一。她看着她，直截了当地告诉她："Juliet, You are very pretty(你真好看)！"吴士宏愣住了，她看出这个美国女人确实是真心的，她告诉吴士宏美丽是值得骄傲的。从此她开始学会欣赏自己，开始喜欢自己的样子。她开始穿很少有女人敢穿的大红大黄的衣裳，而她穿着也的确好看。她终于可以不去介意别人的眼

光，可以昂首阔步地做自己想做的事了，她喜欢这种感觉。她从自卑走到了自信，而这一路走来是多么艰辛，付出了多少努力，个中滋味也只有她自己才知道。

也许你也在为自己不够漂亮、不够优秀而自卑难过，这并不可怕。人外有人，山外有山，再优秀的人也会在某个时刻或者环境中遇到更优秀的人。在这种时候，更重要的是我们绝对不可以自弃。相信自己能够飞翔，我们才能长出美丽的翅膀，飞上广阔的蓝天。

如果没人给你鼓励，那就自己为自己鼓掌

一个女人将成为怎样的女人，固然与环境有关，但是，环境不能造就你，你之所以成为自己是你选择的结果。即使他人控制了你所处的环境，但他不能控制你的态度。你的态度决定你的选择，你的选择创造你的生活，并决定你能成为一个怎样的人。

无论男女，我们都不可低估态度的力量。你的态度就是你"真我"的先遣尖兵，也是你最好的朋友和最坏的敌人。它决定着你的人生高度，你怎样对待生活，生活就怎样对待你。我们不能左右风的方向，但我们能调整风帆——选择自己的态度。

一个人的自我观念是她人格的核心，直接影响着她的行为。这就像心理学家所公认的那样：你认为自己是怎样的人，你就会成为怎样的人。每个人都是自己幸福人生的创造者，但遗憾的是，很多女性对他人寄予了太多的厚望，而对自己指望太少，总在期盼贵人的出现，却不知道自己其实就是自己的贵人。

每个人都是自己思想的产物，胜败都由自己选择。所以，我们要积极思考，充满信心，执著、认真地相信自己，相信你一定能够成功。如果没有人给你鼓励，那就自己为自己鼓掌吧。

一个人的自信心是锻炼出来的。下面是能够增强自信心的方法：

1. 只想成功，不想失败

无论是工作还是居家生活，你都要用成功的信念取代失败的念头。当你面临困境时，要想到"我会赢"，而不是"我可能会赢"。当你与人竞争时，要想到"我跟他们一样好"，而不是"我无法跟他们相比"。机会出现时，要想"我能做到"，千万不能认为"我不能做到"，要让"我会成功"的想法支配你的思考过程。成功的信念会激发你的潜能，最终获得成功，而失败的意念只会让你产生一些导致失败的念头。

2. 相信自己并肯定自己

记住，成功的女性不是超人。成功不需要超人的智力，成功的人也不是靠所谓的运气，更没有什么神秘之处。成功的人是只相信自己、肯定自己所作所为的平常人。

3. 要往大处想

成功的大小由你思考的大小决定。如果你想的是小的目标，可预期的成果也是微小的，想到伟大的目标就会赢得重大成功。

感觉自己一天比一天更有自信、更有价值、更成功，这是一种乐趣。在你的一生中，绝对没有任何事情会比知道自己正迈向成功之路更令人满足。并且，也没有比将自己的潜能发挥到极致更具有挑战性的了。

当然，形成合理的想法、培养自信的心理状态和行为方式，并不是短时间内可以实现的。我们应该认真地审视自己的缺点，从细节做起，时刻提醒自己摆脱那些已经根深蒂固的不合理想法。以下几点建议，相信会对你有所启示。

1. 停止所有批判

批判是一种无益的行动，不要批评自己，从你身上拿开这种负担，也不要批评别人，通常我们在别人身上找到的缺点，只是我们不喜欢自己身上某些东西的反映。对别人怀有负面想法，是使我们的生命受到局限的主

要原因。我们要喜爱且赞同我们自己。

2. 不要吓唬自己

我们常常用自己的想法吓唬自己，而我们应该停止这样做。我们要学习用正面的肯定的思维去思考，这样我们的思考会使人生变得更好。如果发现又在恐吓自己，要立刻说："我要从吓唬自己的困境中解放出来，从此刻起，我要过自信的生活。"

3. 经营与自己的关系

我们极力经营和其他人的关系，把自己丢在一旁，偶尔才顾虑到自己。因此，我们需要真正地关心自己一下，多爱自己一点，多照顾照顾自己的心灵。可以经常对自己说："我是自己最爱的人。"

4. 教育自己

我们常常抱怨自己不懂这个、不懂那个，也不知道该做什么，但是我们可以自我学习。告诉自己，要活到老学到老，在学习中成长。

5. 保持正直，重承诺

为了荣誉与自尊，必须保持正直。信守承诺，千万别承诺无法兑现的事，即使对自己也是一样。别随便对自己承诺说明天要开始节食或是运动，除非知道自己可以贯彻到底。

6. 寻找快乐

喜悦和幸福一直存在内心之中，要确定你和内在的快乐源泉一直保持联系，将你的生活建立在喜悦的根基上。

我们的精神信念支持着我们，帮助我们成为有能力的人。我们需要接受这些观念，更需要再次肯定它们，一直到它们进入我们的意识之中，变成生命的一部分。你的内心深藏着一个聪明、有力量、有才华、自信、活泼、灵敏、质感极佳的女人，让她走出来，这个世界正等着你精彩的到来！

乐观——永不枯竭的生命动力

有人说杨澜的美不在于她的外表，而在于她知性的气质和乐观积极的精神面貌。这话说得不无道理。杨澜是个乐观的人，她说过："有些人因为情感或工作上的挫折而让自己陷入一种不幸的思想中，而导致她们会成为悲观的人，不管做什么事情都有着恐惧、怕输或是觉得自己不会成功。一个人把自己标榜成什么样，她就只能生活在自己给自己设下的心牢里，谁有资格说自己不会成功？谁敢说自己不会成功？想成功的人都是乐观的人，悲观永远都是成功的阻碍，只有积极向上的情操才会让生活变得美好，相信明天一定会比今天好。只要你努力了，社会一定是公平的，不要抱怨生活，否则只能证明你自己没有真正去努力。"可见，乐观与否是决定一个人成败的重要因素。

"我的快乐，写在脸上。苦，再提起已是云淡风轻。幸福，还要加一个'很'。"俏江南董事会主席张兰女士说过这样一句话。

作为一位在事业上取得了巨大成就的女性，张兰的身上有许多值得年轻人学习的地方，特别是她这种乐观的心态。每个人都会有遇到挫折、失败的时候，只有真正乐观的人才能从容地化逆境为顺境。

张兰为何能如此"云淡风轻"？不是因为她在事业方面没有遇到过大挫折，相反，她遭受的挫折是很多人都难以想象的。2003 年，那场史无前例的 SARS 风暴直接对餐饮和旅游业产生了重创，很多酒店给员工放假，关门闭店，以把损失减少到最低。可是俏江南坚持在 SARS 期间没有一家分店停业，坚守自己的商业本分，不仅没有解散员工，而且全额发放工资，为员工买药，对员工进行集中管理。SARS 期间，俏江南亏损额达 7 位数，但是没有扣员工一分工资，而且张兰还花重金为餐厅经理每人买了一支具有特殊意义的万宝龙金笔，希望他们能够记住这一历史时刻。

在她的眼里，一切似乎都非常简单，所有棘手的事情，她都从容处理，似乎都游刃有余。在商界，这样的突发危机时有发生。我们除了做到未雨绸缪，尽量避免它的发生以外，一旦真的遇到危机，唯有从容面对。比如张兰在风暴中，就采取了以不变应万变的方法。不变的营业才能稳定营业，把损失减到最少，并且在未来的发展中能更加凝聚人心。

乐观的女人，总是向前看，她们看到美好的生活、充满希望的未来和每一个人的快乐。她们认为，快乐是属于每个人的，每个人都有属于自己的快乐。快乐就蕴藏在生活中，寻找属于自己的快乐，就要到生活中去。她们拥有着寻找快乐并时刻向前看的好习惯，所以无论生活还是工作都是快乐而积极的。

一位银行家，在他 51 岁的时候，财富高达数百万美元，而到 52 岁的时候，他失去了所有的财富而且背上了一大堆债务。但是，他承诺要东山再起，不久他又积累了巨额的财富。当他还清最后 300 个债务人的欠款后，这位金融家实现了他的承诺。

有一次，一位客人问他是如何东山再起的。他回答说："这很简单，

那是因为我从来没有改变从父母身上继承下来的天性。从我早期谋生开始，我就认为要以充满希望的一面来看待万事万物，永远不要在阴影的笼罩下生活。我总是有理由让自己相信，实际的情况比一般人设想和尖刻批评的情况要好得多。我相信，我们的社会到处都是财富，只要去工作就一定会发现财富、获得财富，这就是我成功的秘密。记住：只要总是看到事物阳光灿烂的一面，这个世界就会更加光明更加美好。如果人们懂得保持快乐是他们的责任，懂得开开心心地完成自己的职责也是他们的责任，那么，这个世界就会美妙多了。快乐应成为我们的习惯，每天都快乐生活。保持快乐，是让别人幸福的最好保证。"

生活到处都有明媚宜人的阳光，勇敢的女人一路纵情歌唱，即使在乌云的笼罩之下，她也会充满对美好未来的期待，跳动的心一刻都不曾沮丧悲观。不管她从事什么行业，她都会觉得工作很重要。即使她未能锦衣玉食，但她依然乐观、快乐。

生活中有不顺、有烦恼、有压力，但只要你保持快乐的心态，你就会发现更多的快乐。永远不要忧虑，永远不要发牢骚。如果我们一直向前看，生活积极乐观，工作勤奋努力，就一定会得到幸福。

你对生活微笑，生活就会对你微笑

"我之所以高兴，是因为我心中的明灯没有熄灭。道路虽然艰难，但我却不停地去求索我生命中细小的快乐。如果门太矮，我会弯下腰；如果我可以挪开前进路上的绊脚石，我就会去动手挪开，如果石头太重，我可以换条路走。我在每天的生活中都可以找到高兴事儿。信仰使我能够以一种快乐的心态面对事物。"歌德夫人如是说。

人们常说：生活是一面镜子，你对它笑，它便对你笑；你对它哭，它也对着你哭。女人想要拥有幸福快乐的人生，就要用一种乐观积极的情绪

对待生活。

1987年3月30日晚上，洛杉矶音乐中心的钱德勒大厅内灯火辉煌，座无虚席，人们期盼已久的第59届奥斯卡金像奖的颁奖仪式正在这里举行。在热情洋溢、激动人心的气氛中，玛莉·马特琳走上领奖台，从上届影帝——最佳男主角奖获得者威廉·赫特手中接过奥斯卡金像。

手里拿着金像的玛莉·马特琳激动不已，她把手举了起来，但不是那种向人们挥手致意的姿势，眼神敏锐的人已经看出她是在向观众打手语。原来，这个奥斯卡金像奖最佳女主角奖获得者，竟是一个不会说话的哑女。

玛莉·马特琳不仅是一个哑巴，还是一个聋子。玛莉·马特琳出生时是一个正常的孩子，但她在出生18个月后，被一次高烧夺去了听力和说话的能力。

但这位聋哑女对生活充满了激情。她从小就喜欢表演，8岁时加入伊利诺伊州的聋哑儿童剧院，9岁时就在《盎司魔术师》中扮演多萝西。但16岁那年，玛莉被迫离开了儿童剧院。所幸的是，她还能时常被邀请用手语表演一些聋哑角色。正是这些表演，使玛莉认识到了自己生活的价值，克服了失望心理。她利用这些演出机会，不断锻炼自己，提高演技。

1985年，19岁的玛莉参加了舞台剧《上帝的孩子》的演出。她饰演的是一个次要角色。可就是这次演出，使玛莉走上了银幕。

女导演兰达·海恩丝决定将《上帝的孩子》拍成电影，当她物色女主角萨拉的扮演者时，她发现了玛莉高超的演技，决定起用玛莉担任影片的女主角萨拉。

玛莉扮演的萨拉，在全片中没有一句台词，全靠极富表现力的眼神、表情和动作，揭示主人公矛盾复杂的内心世界——自卑和不屈、喜悦和沮丧、孤独和多情、消沉和奋斗。玛莉十分珍惜这次机会，她勤奋、严谨、认真地对待每一个镜头，用心去拍，她的表演让人拍案叫绝。

就这样，玛莉·马特琳实现了人生的飞翔，她成为美国电影史上第一

个聋哑影后。正如她自己所表达的那样:我的成功,对每个人,不管是正常人,还是残疾人,都是一种激励。

尽管生活不可能一帆风顺,但是只要我们的心中有阳光,就不会感受到悲伤。找一件自己喜欢的事情,全身心投入地去做,本身就是一种快乐的享受。生活需要微笑,面对人生的风雨、情感的失意、事业的低谷,不妨淡淡一笑。笑代表着乐观、达观,笑是一种胸怀,笑更是一种生活的境界,笑还是对生活的勇气和信心。你给生活以微笑,生活将还你以微笑。

做情绪的主人,才能做生活的主角

很多人都读过《圣经·旧约》里约瑟的故事:

约瑟 17 岁就被兄长卖至埃及,任何人处在同样的境遇下,都难免自怨自艾,并对出卖及奴役他的人愤愤不平。但约瑟没有这么想,他专注于提升自己,不久便成了主人家的总管,掌管所有的产业,极获倚重。

后来他遭到诬陷,冤枉坐牢 13 年,可是他依然不改其态,化怨恨为上进的动力。没过多久,整座监狱便在他的管理之下。到最后,约瑟掌管了整个埃及,成为法老之下、万人之上的大人物。

我们虽没有约瑟受奴役和被囚禁的经历,但是日常生活中的种种琐事,却使我们处在各种各样的不良情绪之中。想想约瑟的遭遇,就会知道不同的情绪将带来不同的人生。

许多女人都有过受累于情绪的经历,似乎烦恼、压抑、失落甚至痛苦总是接二连三地袭来,于是,频频抱怨生活对自己不公平,期盼某一天欢乐从天而降。但要记住,你永远不会是世界上最不幸的那个人,只要你用积极乐观向上的态度去面对,生活终会向你展示出它温情脉脉的一面。

其实,喜怒哀乐是人之常情,想让自己的生活中不出现一点烦心事是不可能的,关键是如何有效地调整、控制自己的情绪,做生活的主人,做

情绪的主人。

许多人都想控制自己的情绪，但遇到具体问题又总是知难而退："控制情绪实在太难了。"言下之意就是："我是无法控制情绪的。"别小看这些自我否定的话，这是一种严重的不良暗示，它可以毁灭你的意志，使你丧失战胜自我的决心。

晓敏就不会控制自己的情绪，常常和同事发生矛盾。领导找她谈话，她还不服气，甚至和领导争执。但是领导没有动怒，只是和她讲道理，尽管她嘴上没有说，却早已心悦诚服。从此她有了自我控制的意识，经常提醒自己，主动调整情绪，自觉注意自己的言行。就在这种潜移默化中她成了自己情绪的主人。

其实控制情绪并没有你想象得那么难，只要掌握一些正确的方法，就可以很好地驾驭自己。控制情绪是一个长期的过程，在平常就要把自己的心态调整好，把保持良好的情绪当成一种习惯。以下是控制情绪的一些方法：

1. 想法客观

学会坦然面对生活中的一切，不对生活抱太多不切实际的幻想。给心理留一个放松的空间，用平淡的心态去接受身边发生的事。

2. 学会发泄

每个人都会遇到许许多多的不如意，正所谓"人生不如意者，十有八九"，因此要想活得轻松快乐，就要找到适合自己的释压方式，把心中的不良情绪及时发泄出来。

3. 生活热情

平常要多参加一些户外的文体活动，多看一些轻松温馨的影视剧，多阅读些时尚轻松的书籍杂志，让自己的思想见识跟上时代的发展。多发展一些兴趣爱好，不仅有助于消除不良情绪，还能帮助树立积极健康的心态，感受到更多的快乐。

4．每天听半小时音乐

优美的音乐对放松身心有着非常大的作用，每天抽出一点时间，泡杯茶，放松地坐下来，挑几首自己喜爱的音乐听上一会儿，对缓解情绪，平衡身心都有着非常积极的作用。

5．学会控制自己的愤怒

生活中我们都免不了遇到令自己愤怒的事，但是把愤怒全部发泄出来，对人对己都是没有任何好处的，所以，一定要控制住自己愤怒的情绪。当你觉得自己快要爆发的时候，先不要张口，在心里默默从1数到100，然后再张口说话，这对避免把谈话闹僵会很有帮助。

在众多调整情绪的方法中，最有效的就是"情绪转移法"，即暂时避开不良情绪，把注意力、精力和兴趣投入到另一项活动中去，以减轻不良情绪对自己的冲击。

可以转移情绪的活动有很多，你可以根据自己的兴趣爱好，以及外界事物对你的吸引力来选择。例如，各种文体活动，与亲朋好友倾谈，阅读研究，琴棋书画，等等。总之，将情绪转移到有意义的事情上，尽量避免不良情绪的强烈撞击，减少心理创伤，这样做非常有利于情绪的及时控制。

情绪的转移关键是要主动积极，不要让自己在消极情绪中沉溺太久，立刻行动起来，你会发现自己完全可以战胜情绪，控制情绪，成为情绪的主人。

快乐就这么简单

每个人都希望自己的家人永远是快快乐乐的，但快乐是从何而来的呢？从温馨的家庭中来，从温暖的友谊中来，从富有挑战性的工作中来……其实快乐无处不在，生活中到处充满了快乐：买到自己喜欢的漂亮

衣服；吃到自己想吃的美味食物；想睡的时候，睡一大觉；想玩的时候，尽情去玩；有自己喜欢的宠物；有无话不谈的知己……只要有其中之一，就可以算有令人快乐的理由了。

快乐既不需要依靠他人，也完全不必借助外物。把重心放在自己的男朋友或丈夫或孩子身上，情绪完全被其掌握，失去了自我愉悦，这并不是真正的快乐。而将快乐植根于金钱和由金钱带来的显赫地位，以及挥霍无度的生活，也是完全错误的，一旦失去这些，所谓的"快乐"也将烟消云散。快乐就在我们每个人的身边，选择快乐，抓住快乐，你就是一个幸福的人！

一位老人被电视台节目主持人作为特邀嘉宾邀请来参加活动。她精神极好，容光焕发，非常快乐。无论她想说什么，她都毫不掩饰，而且思维敏捷。她的机智幽默，让听众捧腹大笑。大家都非常喜爱她。

这次节目，她给人留下了深刻的印象，她也和其他人一样感到特别的兴奋。最后，节目主持人问这位老人为什么总是这样高兴："你一定有什么特别的让自己快乐的秘密。"

"不，没有，"老人回答说，"我没有什么特别的秘密。这只不过和你脸上的鼻子一样普通。每天早上起床的时候，我有两种可能的选择：要么高兴，要么不高兴，你想我会选择什么呢？当然，我会选择快乐，这就是全部的秘密所在。"

这似乎也太过于简单了，而且这个老人的思想也好像太肤浅了。但是，这让我们想到了林肯，林肯说过境由心造，你的心里有多快乐，你也就会得到多少快乐。如果你想让自己不开心，那你时时刻刻都可以不开心。而且，这也是世界上最容易做到的事情。你可以告诉自己什么事情都不顺利，没有什么事情让自己满意，那么，你肯定开心不起来，但是，如果你对自己说"事情进展良好，生活也不错，所以，我选择开心"，那么，你肯定就会快乐起来。

俄国作家索洛克勒曾用羡慕的口吻对列夫·托尔斯泰说："您应该是

世上最快乐的人，您所爱的一切您都有了。"托尔斯泰回答："不，我并不具有我所爱的一切，只是我所有的一切都是我所爱的。"

每个女人都渴望"有我所爱"，岂不知，"爱我所有"才是最大的快乐。尼采曾说：人生就是一场苦难。的确，诸如感情破裂、亲人逝去、疾病缠身、遭遇失业、为温饱而挣扎……种种苦难遍布我们的生活。也许正是因为人生烦恼太多、痛苦太甚、快乐太少、愉悦难觅，所以我们总以渴望之心祈祷："愿快乐永驻！"

国外一家报纸曾以"世界上最大的快乐是什么"为题，进行有奖征答。结果，在成千上万份来信中，获奖的四个答案是：当一位艺术家完成了一件作品，望着作品吹口哨的时候；小孩在海滩上用沙土筑成一座堡垒；母亲忙碌了一天，到了晚上替自己的小孩洗个澡；外科医生完成一个手术，终于救活了一个人。

世界上最大的快乐竟是如此简单，简单得让人难以置信。其实仔细想来，每个人一生中有着无数的追求、做了无数的事情，而真正的快乐，却不在财富之上，不在权力之巅，而在这简单而平凡的生活之中、在艺术创造之中、在孩子游戏之中、在深深的母爱之中、在救死扶伤之中。

快乐是人生永恒的主题，是女人天生就喜爱的东西，生活中如果缺少了快乐，就如同饭菜中没有了盐一样，缺乏了最基本的味道。而一个女人快乐与否，不在于她拥有什么。其实，生活中的每个女人都会有痛苦和不幸。一个真正懂得主宰自己生活的女人，绝不会为自己没有的东西而感到悲伤，反而会为自己已经拥有的东西而感到快乐和喜悦。乐观豁达的女人，能把平凡的日子变得富有情趣，能把沉重的生活变得轻松活泼，快乐也就随之而来。而悲观懊丧的女人，则总是把烦恼挂在嘴边，总是把苦难写在脸上，总是把忧愁闷在心上，这样，必然与快乐无缘。

是的，无论生活给我们笑脸，还是苦酒，我们都要保持快乐的心情，做个快乐的俏佳人，只要我们快乐，就能永葆青春健康！

Lesson14
承认这个世界
的不公平

知足即能常乐

我们所见到的杨澜，总是那么笑意盈盈，优雅淑静，仿佛从来没来经历过什么挫折和磨难。但事实上，谁都不可能一帆风顺，关键要看你怎么去面对。杨澜就曾说："生活里会遇到很多不公平的事情，也会遇到很多让你无法接受的人，我们不能试着去改变别人，与其非常愤怒地大声指责别人的行为，不如怀着理解的心态给对方一个微笑，任何一个人都不会去伤害一个善良的人。声嘶力竭地与别人争论并不能赢得所谓的自尊，反而让你丢掉自尊。"可见，不公平的事谁都会遇见，问题的关键是我们以怎样的心态去面对它。

生活中总有一些人在抱怨世界的不公平，喜欢羡慕别人的生活。她们看到别人比自己长得漂亮，看到别人的男友穿华服、开名车，看到别人的孩子听话又聪明，便开始长吁短叹，整日哭丧着脸，没有开心的时候。她们忽略了自己所拥有的一切：健康的身体、和睦的家庭、安定的工作、知

心的朋友等，而这些也许正是别人梦寐以求的东西。也许人类最可悲之处便是看不见自己生命中的美，让欢乐恍然逝去，留下无尽的遗憾。与其这样哀哀怨怨，不如现实点，承认这个世界的不公平。生活从来不曾完美过，公平只是相对的，我们要做的就是别再跟生活较真，用一颗宽容的心去面对生活，感谢生活给予的，珍惜自己所拥有的。

我们或许是平凡的，但这不一定就不是幸福的，我们的财富往往就是这些看似平凡的东西。只要拥有一颗知足的心，就不会被虚荣蒙上眼睛，也才能够发现这一切。

人，不应该去强求不属于自己的东西，得不到未尝不是一种缺憾美，它会使人永远拥有希望和信心，从而努力不懈地去追求。而终日停留在抱怨哀叹中，只能是浪费生命，虚度光阴，毫无意义。

生活，带给我们很多欢笑、很多快乐，我们应该感激生活。我们应该知足，身体是健康的，我们就已经拥有了人生中的第一笔财富，那些躺在医院里的病人是多么羡慕能在阳光清风下徜徉的人啊！我们应该知足，家庭是幸福美满的，这也是上天赐予我们的最大恩惠，有关心和支持我们的亲人，使我们知道世界上有一个温暖的地方永远为我们敞开大门，那就是家！我们应该知足，无论在世界哪一个角落，总有两三个知己为伴，即使只是一条鼓励的短信，也能够使我们斗志昂扬，投入到新的人生挑战中去。所以，我们不必感叹别人的富裕，嫉妒别人的权势，因为我们的生命中也有很多让别人羡慕的精彩。抛开那些无休止的欲望吧，它只会令人徒增烦恼。只有当你知道自己幸福的时候，你才真正是幸福的人。

现在让我们反躬自省，看看我们是否正深陷其中而不自知。生活有时就像上帝设下的圈套，愚蠢的人们会为了满足自己的欲望而奋不顾身地向里面跳，而聪明人往往会控制自己的欲望，珍惜自己所拥有的，再寻求新的发展。可是通常许多人都想不到这一点，常常身陷泥潭而不自觉，常常

守着幸福而不知幸福，常常望着世界而不明就里，常常疲于奔波而迷失自我，为了填满自己永无止境的欲望深渊而竭尽全力地追求着。他们应该感到惋惜，因为他们为了欲望而放弃了许多他们应该好好珍惜的东西，可是到最后他们也无法体会到什么是幸福，白白劳碌了一生。他们所缺少的，其实只是一颗知足的心。

知足就意味着淡泊名利，超越尘世的俗欲而得到心灵的宁静。它不是消极、无奈的心态，不是像古人那般隐居一隅或浪迹江湖，醉溪水，卧竹林，觅一世外桃源不问世事；也不是遁入空门，悟禅机，远离世间。知足并不代表从此淡出人生舞台，知足也不是说没了烦恼、矛盾、痛苦和追求，不是躲避，也不是安于现状的停滞不前。知足该是积极向上地对待人生的得失，心平气和地对待不幸和快乐，做到宠辱不惊。"达则兼善天下，穷则独善其身"，知足是一种了不起的、不为世俗名利所动的境界。我们可以积极地进取和探求，但是内心深处，一定要为自己保留一份超脱，做到知足者常乐。

现实生活中，人们常常饱受欲望膨胀之苦，这个时候，就要善于调控自己的欲望，享受与珍惜自己所有的，"知足"才能够"常乐"。为此，我们也特意为女性朋友开一个"知足常乐小秘方"，大家不妨试试看：

1. 克服虚荣心理

做到自尊自重，绝不能为了一时的心理满足，不惜用人格来换取浮华的东西。物质生活再富足，也无法弥补心灵的空洞。

2. 不要指望用金钱买到快乐

人们赚取金钱的数量对快乐与否没什么必然影响，关键是对自己的收入是否感到心满意足。

3. 抛弃完美主义

世上并不存在绝对的完美，一个人也不可能拥有一切。用完美主义指导人生，就会终日沉湎于自我嫌弃和挑剔他人当中，无法享受生活的快

乐。与其空谈完美，不如踏实地努力，抓住自己能够得到的东西。

4. 学会喜欢自己

研究表明，拥有健康心理的人，在面对挫折时表现得较为坚强，而健康心理的培养最关键的因素就是要学会喜欢自己。

5. 正确对待舆论

他人的评论不应当影响自己的情绪，在冷言冷语中，最可贵的便是自信自强，不为所动。不用在意别人拥有多少，关键是看清自己拥有多少。

6. 立刻停止抱怨

一个愁眉苦脸、唠唠叨叨的女人不仅毫无女性的美感可言，还会令身边的所有人望而生厌。抱怨会让青春可人的女人提前进入衰老期。想要抱怨，先想想抱怨有什么用处，牢骚再多也解决不了实际的问题，何况，并不仅仅是你有这样的麻烦，学学那些知足的女人是怎么做的吧。

7. 不为失去而烦恼

失去的也许已无法挽回，何必大惊小怪，耿耿于怀。一味地伤感也于事无补，人生中还有更重要的事，调整心态去面对失去，想想自己所拥有的一切，打起精神重新再来。

8. 珍惜每一时刻

快乐来自每天发生的一件件小事，而不是源于偶尔的几件带来好运的大事，所以，要珍惜每一时刻。

9. 锻炼身体

散步、跑步、游泳等运动，可起到矫治轻度的忧郁和焦虑、增添快乐的作用。

10. 睡眠充足

充足的睡眠可为身体重新"充电"，对保持头脑清醒和减轻低落情绪有着至关重要的作用。

与其声嘶力竭，不如莞尔一笑

杨澜曾在写给年轻女孩子的一篇文章中提到："女孩到了二十几岁后，就要慢慢地学会忍耐与宽容了，社会并不是一个任性的地方，那些大小姐的脾气要慢慢地收敛了，因为可能有些时候就因为你的计较会让你失去自尊，成为被人指责的没有教养的女人。给那些不友好的人善意的微笑，既能够让对方无地自容，也能够给别人留下大度且善解人意的好印象。忍耐并不是懦弱，也不是伤自尊，而是宽容美。请放下理直气壮的坏脾气，在适当的时候让一步，不仅可以体现出你的涵养，而且还会让你成为受人欢迎的女孩。"以忍耐和宽容去面对这个社会，就是杨澜保持优雅平和气质的秘诀，也是一个智慧女人生存的必备法则。

俗话说："生气是拿别人的错误来惩罚自己。"当一件妨害自己的事情发生时，要么去宽容，要么去解决，生气是一种浪费。宽容是修养、是品德、是内涵、是心态。在宽容面前，争吵和计较大可不必，不妨学着温柔一些，因为有朝一日说不定你也会犯一些不可挽回的错误；在宽容面前，赌气和嫉妒都是不好的，不能善待别人的长处和毛病，你将会养成让别人难以亲近和忍受的坏脾气；在宽容面前，过激最不可取，除非你不打算继续与他人交往，否则，还不如学会宽容。

高山因为承受着土石树木，所以才变得雄伟；大海正是容纳了百川，所以才显得辽阔。要记住弥勒佛像两边的对联："大肚能容，容天下难容之事；开口便笑，笑天下可笑之人。"如果对任何不顺心的事情都能一笑了之，生活中不开心的事就会减少。记住：任何事情退一步就会海阔天空。学会宽容地对待这个世界，也是女人爱自己的一种方式。

莎士比亚忠告人们说："不要因为你的敌人而燃起一把怒火，灼热得烧伤你自己。"富兰克林说："对于所受的伤害，宽容比复仇更高尚。因为

宽容所产生的心理震动，比责备所产生的心理震动要强大得多。"如果自己能够宽容别人，不但自己能够及时释放心理垃圾，而且别人也能够因此而宽容自己，同时与自己友好相处。假如别人伤害了自己，千万不要一味地怨恨，关键是要学会宽容，并且避免再次被别人伤害。心胸太狭窄，绝对是一件坏事。报复心太强烈，只能害了自己。宽容别人不仅是一种美德，更是让自己健康长寿的秘诀。拥有宽容之心的女人是智慧而大气的，她们不仅自己生活得更从容，也会让身边的人感觉到轻松自在。

学会宽容能使自己保持恬淡，去做自己应该做的事情。整日为一些闲言碎语、磕磕碰碰的事情郁闷、恼火、生气，总去找人诉说，与对方辩解，甚至总想变本加厉地去报复，这将会贻误自己的事业，失去更多美好的东西。女人要成为一个生活的强者，就应豁达大度，笑对人生。有时一个微笑、一句幽默，也许就能化解人与人之间的怨恨和矛盾，填平感情的沟壑。在国际社会的一项关于离婚率的调查中，发现更年期是离婚率较高的一个时期，不能不说这跟女性在这个时期的心理状况是有关系的。试着用宽容的心去对待你的生活，很多问题都会迎刃而解。

同时，学会宽容也是一个女人成熟的标志。当一个人心平气和的时候，才可能保持清醒的头脑，找出失败的原因，采取克服差错的有效措施，以便使自己的工作和生活更加顺风顺水。

宽容，首先表现在不愤世嫉俗和感情用事上。生活中，确实存在很多矛盾和困难，会遭遇许多不公平的事，会碰到一些个令人无法忍受的人，还有这个"难"、那个"难"，真让人有点喘不过气来。诅咒、谩骂、生闷气都无济于事，反而还会给你增加新的负担。只要冷静观察，就会发现人们的生活本来就是苦、辣、酸、甜俱全。在生活中，看不惯的很多，理解不了的很多，失望的也很多。但人的能力毕竟是有限的，愤世嫉俗不会改变事态的发展，也不会使关系缓和。所以，首先应当适应事件的发展，在适应中发现"破绽"，掌握改造的契机和应知应会的本领，而不是游离其

外去指手画脚。这就是一种宽容的表现，人要顺利走完生命的旅程，就离不开宽容。

再有，宽容体现在对别人的不苛求上，但能容人且容人。每个人都有自己的思维、工作、学习、生活习惯，既有其长处，也有其短处。在社会生活中，人们总要同各种各样的人打交道。所以我们必须习惯于人际交往，善于同各种各样的人友好相处，协调共事，特别是对能力、天赋等各方面不及自己或脾气与自己不同的人。对于有各种各样的缺点和毛病的人，我们也应注意发现其所长，尊重其所长。如果只注意到别人的缺点，就容易使自己陷入孤立无援的境地。相反，换个角度，多注意别人的长处，用理解、同情和爱心去影响别人，使他既能认识自己的缺点，又能心悦诚服地改正，你就会处处碰到信赖和爱戴自己的朋友和下属，你的人际关系也会因此得到很好的发展。

给人面子，既无损自己的体面，又能使人产生感激和敬重之情。不计较小事，不苛求别人，会为你赢得更多的时间和精力。胸襟开阔，能容人容物是现代女性追求的境界，因为大度和宽容能给你带来太多的好处。学会宽容，意味着你会生活得更加快乐，宽容可谓女人一生中最有魅力的财富。

怀着理解的心态给生活一个微笑

人和人相处，难免产生矛盾和冲突。面对与人发生的误会，我们要学会用别人的眼光来想问题、看世界，以别人的心境来体会生活，这样便拉近了人与人之间的距离。

在美国的一次经济大萧条中，90%的中小企业都倒闭了，一个名叫丹娜的女人开的齿轮厂订单也是一落千丈。丹娜为人宽厚善良，慷慨大方，交了许多朋友，并与客户都保持着良好的关系。在这举步维艰的时刻，丹

娜想要找那些朋友、老客户出出主意、帮帮忙，于是就写了很多信。可是，等信写好后才发现：自己连买邮票的钱都没有了。

这同时也提醒了丹娜：自己没钱买邮票，别人的日子也好不到哪里去，怎么会舍得花钱买邮票给自己回信呢？可如果没有回信，谁又能帮助自己呢？

于是，丹娜把家里能卖的东西都卖了，用一部分钱买了一大堆邮票，开始向外寄信，还在每封信里附上2美元，作为回信的邮票钱，希望大家给予指导。她的朋友和客户收到信后，都大吃一惊，因为2美元远远超过了一张邮票的价钱。每个人都被感动了，他们也因此想起丹娜平日的种种好处和善举。

不久，丹娜就收到了订单，还有朋友来信说想要给她投资，一起做点什么。丹娜的生意很快有了起色，在这次经济萧条中，她是为数不多站住脚而且有所成的企业家。

时常有些人抱怨自己不被他人理解，其实，换个角度可能别人也有同样的感受。当我们希望获得他人的理解，想到"他怎么就不能站在我的角度想一想"的时候，我们也可以尝试自己先主动站在对方的角度思考，也许会得到意想不到的答案，许多矛盾、误会等也会由此消除。

有一个女孩，她刚开始上网的时候，个性十足，最喜欢上论坛"砸人"，当然也会挨砸。挨砸了，心里不好过，吃饭都吃不下去。好友知道后对女孩说了一句话：上网是为了快乐。这句话如同醍醐灌顶，让女孩一下子释怀。

想想看，大家来自不同的城市甚至不同的国家，有不同的看法，操着不同的口音，如果没有网络，大家如何能彼此交谈？如何能够彼此分享快乐，分担忧伤？相识，本来就是缘分。珍惜缘分，珍惜彼此。伤人不快乐，被伤更不快乐。

后来再上网，女孩再也没有和人吵过架，没有恶意抨击过别人——不

为别的，只为大家都要寻求快乐。

推销大师乔·吉拉德说："当你认为别人的感受和你自己的一样重要时，才会出现融洽的气氛。"我们需要多从他人的角度考虑问题，如果对方觉得自己受到重视和赞赏，就会报以合作的态度。如果我们只强调自己的感受，别人就会和你对抗。

换个角度替对方多想一下，关系立刻就会变得缓和。生活中，请让我们相信，每一个有缺点的人都有他值得同情和原谅的地方。一个人的过错，常常不是他一个人造成的，对这些人多一些体谅吧。从对方的角度出发，你的宽容就可以温暖一颗失落的心，而他们也会把温暖传递给他人。

理解，恰如冬日里的一杯香茶，总是那么温馨，那么暖人。理解对方，就需要我们进行换位思考。因为不了解对方的立场、感受及想法，我们就无法正确地思考与回应，沟通便被阻断。怀着理解的心态，给对方一个微笑，给生活一个微笑，我们得到的也必然是微笑的回应和幸福的喜悦。

Lesson15
"凭海临风"
的人生境界

从容，以一种花开的姿态

有人这样说过："无论对任何人而言，忙乱不堪，没有定性，就意味着心理的某种失衡、虚弱和脆弱，也就意味着无论他走到哪里，整个世界都是一团糟。"真正强大的人不会被忙乱的琐事困扰，这样的人去任何地方，都不会遇到很大的烦恼，无论是错过了火车还是错过了飞机，无论下雨还是下雪，无论他"不喜欢它"还是他的旅程因为某个预想不到的问题而被耽搁，这些琐事都不会影响到他。他会一声不响地调整自己的状态，或者对不利的处境提出解决问题的办法，或者干脆不理它，转而去做重要的事情。他们的内心和谐、安宁、乐观和从容，他们虽背负很多事情，但能分清主次、有条不紊、从容自若地来应付。"天塌下来，还有高个子顶着。"他们什么都不怕，什么都不惧；他们能优哉游哉、从从容容、游刃有余地应对一切。

面对人生，我们选择闲看云卷云舒、花开花落的心境。从容地去选

择，选择一种气度，选择一种风范。

传说舜在位时，弹琴赋诗，从容儒雅，把天下治理得很好。现代生活的确使每个人都感到了一定程度的紧张，但古人既然治理国家都能做到那么从容不迫，我们在工作和生活中为何就不能举重若轻呢？和谐、安定、从容不迫是一种滋补剂，能全面提升我们的精神品位，也能滋养我们的身体。这种从容从内心而始，有效地控制自己，是我们每个人都能做到的。

刘伯承年轻时，在战斗中右眼受伤，到重庆由德国医生沃克治疗。他们有这样一段对话：

"你是干什么的？"

"邮局职员。"

"你是军人！"沃克一针见血地说，"我当过德国军医，这样重的伤势，只有军人才能这样从容镇定！"

刘伯承微微一笑，锐利地回答："沃克医生，军人处事靠自己的判断，而不是靠老太婆似的喋喋不休！"

当时，蒋介石正悬赏 10 万大洋买刘伯承的人头，在这样险恶的环境中，遇到对方的怀疑，刘伯承不是辩解或乞求，而是镇定自若地回答。正是刘伯承从容的语言和行为，深深感动了沃克医生，沃克说道："你是一个真正的男子汉，一块会说话的钢板！按德意志的说法，你是军神。"

逆境，抑或突如其来的变故与危困，都是很好的试金石，能明晰地鉴定一个人素质的优劣。甚至那些养鸟的行家，在选鸟的时候，都要故意去惊吓那些鸟，绝不选那种稍受一点儿惊吓就扑打拍翅、乱成一团的鸟。

据说古罗马有个皇帝，常派人观察那些第二天就要被送上竞技场与猛兽空手搏斗的死刑犯，看他们在等死的前一夜是怎样表现的。如果发现在凄凄惶惶的犯人中居然有能呼呼大睡且面不改色的人，便偷偷在第二天早

上将他释放，然后训练成带兵打仗的猛将。

无独有偶，据传中国也有个君王，在接见新来的臣子时，总是故意叫他们在外面等待，迟迟不予理睬，再偷偷看这些人的表现，并对那些悠然自得、毫无焦躁之容的臣子予以重用。

一个人的胸怀、气度、风范，可以从细微之处表现出来。或许，古罗马的那位皇帝以及中国古代的那位君王之所以对死囚或新臣委以重任，便是从他们细微的动作、情态中看到了与众不同的潜质，看到了那份处变不惊、遇事不乱的从容。

可是在现实生活里，很多人却缺少这样一份从容，他们对人生每每抱有一种力求完美的心态，凡事都要全力以赴，事事都不能落后于人，他们可能会因为衣服不好看而拒绝集体出行，也可能因为学识不佳而不敢跟人谈恋爱。可是人生根本没有什么所谓"十全十美"的事情，又何必把自己折腾得这么累？凡事尽力而为即可，无法改变的事情就不要过度在意，以从容的心态去生活才能成为一个真正幸福快乐的人。

一个人所处的环境无论是多么荒凉或不和谐，或者一个人的生活条件是多么艰难，这都无关紧要。在每个人的体内都有着巨大的潜能，这使他能在每一次暴风雨和外在不利环境的重压下保持从容，做自己的主人，甚至达到了"不以物喜、不以己悲"的境界，这样，任何事物都无法影响他对天赐的巨大潜能的开发和利用。

从容是一种人生境界，也是一种生存智慧，女人只要掌握了这种智慧，幸福必然会伴随你左右。

凭海临风，人生得意也淡然

作为一个主持人，杨澜无疑是优秀的。她的成功让她当之无愧地成为中国最为出众的主持人之一。但中国有许多老话都在教人内敛和低调，

例如，"枪打出头鸟"、"人怕出名猪怕壮"，或者"木秀于林，风必摧之"，等等。生活中，我们一定要学会收敛锋芒。"宠辱不惊，看庭前花开花落；去留无意，任天空云卷云舒"，许多人把它当做人生信条，鞭策自己要内敛。

当一个人拥有巨额财产的时候，总难免一脸傲气。可是80多岁高龄的当今世界上化妆品业巨头欧莱雅集团的第二代掌门人莉莉安妮·贝当古夫人却与亿万富翁的形象相去甚远，她谨慎而内敛，一直是媒体眼中的神秘人物。她让媒体为她着迷，却又让其难以接近。"在拍照时，她总是摆出很自然的姿态，却不会在镜头前停留很长时间。"一个很有名的摄影师曾这样描述道。

莉莉安妮身材高挑，气质优雅。她经常把头发挽在脑后，露出宽大的前额，向人们报以礼貌而略带羞涩的微笑。除了耳环，她一般不戴其他首饰。她总是将围巾甩在肩上，似乎想要隐藏某种脆弱。她是一位天生就能引起人们好感的人。一些人说她率直、羞涩、严肃，另一些人却说她热情、好奇、有些浪漫。而所有的人都特别提到了她的慷慨，她于1987年建立了贝当古·舒埃勒基金会，其宗旨是为世界上不幸的人提供帮助。基金会帮助了许多人，但是莉莉安妮总是不愿让别人知道，她既不会让记者对这方面的事情进行报道，也不愿意出席颁奖仪式，而她自己也很少提及这方面的事情。

她的朋友说："她是一个喜欢实干的人，而不喜欢张扬。"而莉莉安妮则说："个人的幸福不算什么，社会的美好才是大家真正的幸福。"

拥有丰厚家财的她，能平静地说出这样一番话，并且默默地去做，这样一份从容淡定确实让人佩服。难怪无论是媒体还是百姓，在提到她的名字时，话语中总是充满了敬意。

"非宁静无以致远，非淡泊无以明志。"淡泊是一种境界，需要时间的磨砺。宁静可以沉淀出生活中许多纷杂的浮躁，过滤出浅薄粗率等人性的

杂质，可以避免许多鲁莽、无聊、荒谬的事情发生。淡泊、宁静更是一种修养、一种境界、一种充满内涵的悠远。人们如果在生活中表现得安之若素、从容淡然，往往要比气急败坏、声嘶力竭更显其涵养和理智。

老街上有一位老铁匠，由于早已没人需要打制的铁器，现在他改卖铁锅、斧头和拴小狗的链子。他的经营方式非常古老和传统，他坐在门内，货物摆在门外，不吆喝，不还价，晚上也不收摊。你无论什么时候从这儿经过，都会看到他在竹椅上躺着，手里握着一个半导体，身旁是一把紫砂壶。他的生意也没有好坏之说，每天的收入正够他喝茶和吃饭。他老了，已不再需要多余的东西，因此他非常满足。

一天，一个文物商从老街上经过，偶然看到老铁匠身旁的那把紫砂壶，那把壶古朴雅致，紫黑如墨，有清代制壶名家戴振公的风格。于是他走过去，顺手端起那把壶。

壶嘴内有一记印章，果然是戴振公的。商人惊喜不已，他端着那把壶，想以 10 万元的价格买下它。当他说出这个数字时，老铁匠先是一惊，随后又拒绝了，因为这把壶是他爷爷留下的，他们祖孙三代打铁时都喝这把壶里的水，他们的汗也都来自这把壶。

壶虽没卖，但商人走后，老铁匠有生以来第一次失眠了。这把壶他用了近 60 年，并且一直以为是把普普通通的壶，现在竟有人要以 10 万元的价格买下它，他转不过神来。

过去他躺在椅子上喝水，都是闭着眼睛把壶放在小桌上，现在他总要坐起来再看一眼，这让他非常不舒服。特别让他不能容忍的是，当人们知道他有一把价值连城的茶壶后，蜂拥而至，有的问还有没有其他的宝贝，有的开始向他借钱，更有甚者晚上推他的门。他的生活被彻底打乱了，他不知该怎样处置这把壶。

当那位商人带着 20 万元现金第二次登门的时候，老铁匠再也坐不住了。他招来左右店铺的人和前后的邻居，拿起一把斧头，当众把那把紫砂

壶砸了个粉碎。

现在，老铁匠还在卖铁锅、斧头和拴小狗的链子，据说他已经102岁了。

现代社会在追求效率和速度的同时，使我们的优雅在逐渐丧失。那种恬静如诗般的岁月对现代人来讲已成为最大的奢侈和批判对象。内心的声音，便在这种繁忙与喧嚣中被淹没了。欲望在慢慢吞噬人的心灵和光彩，我们开始患上种种千奇百怪的心理疾病，心理医生和咨询师在我们的城市也渐渐走俏，我们去求医，去问诊，然后期待在内心阴郁的日子里寻求心灵的平衡。其实生活大可不必费很多周折，保持淡泊，人生就多了一分宁静。

平和心态，洒脱人生

杨澜说过："女人要逃离那些灰暗的小说，它只会让大家与悲伤越贴越近，生活并不是小说情节的翻版。不要总提醒着自己遇到的不幸，要知道在这个世界上有着很多人比你还不幸，只要能够抬头看到阳光就是幸运的，那些生活里的挫折比起一个人的人生它只不过是一个再小不过的插曲。想在这个社会上立足，就要有平和的心态，在患得患失的人生里，我们时刻都在选择着，也被别人选择着，我们应该有点阿Q精神，痛苦与快乐的生活都是我们选择的，为什么要让自己沉溺在痛苦中呢？"

的确，人间没有永恒的夜晚，世界没有永恒的冬天。在竞争日益激烈的今天，学会保持平和的心态对身体健康乃至事业的成败都是至关重要的。平和的心态对健康的积极作用，是任何药物所不能替代的。俗话说"心静自然凉"，如果人的心态、心境能够悠然、恬静、积极健康、顺其自然，那么即使是在炎热的夏天，也会有清凉的感觉。

三伏天，禅院的草地枯黄了一大片。"快撒点草种子吧！好难看啊！"

小和尚说。

师父挥挥手说："随时！"

中秋时节，师父买了一包草子，叫小和尚去播种。

秋风起，草子边撒边飘。"不好了！好多种子都被吹飞了。"小和尚喊。

"没关系，吹走的多半是空的，撒下去也发不了芽。"师父说，"随性！"

撒完种子，跟着就飞来几只小鸟啄食。"要命了！种子都被鸟吃了！"小和尚急得直跳脚。

"没关系，种子多，吃不完。"师父说，"随遇！"

半夜一阵骤雨，小和尚早晨冲进禅房："师父！这下真完了！好多草子被雨冲走了！"

"冲到哪儿，就在哪儿发芽！"师父说，"随缘！"

一个星期过去了，原本光秃的地面，居然长出许多青翠的草苗。一些原来没播种的角落，也泛出了绿意。小和尚高兴得直拍手。

师父点头说："随喜！"

随不是跟随，是顺其自然，不怨恨，不躁进，不过度，不强求；随不是随便，是把握机缘，不悲观，不刻板，不慌乱，不忘形。

不要幻想生活总是那么圆圆满满，也不要幻想在生活的四季中享受所有的春天，每个人的一生都注定要经历沟沟坎坎，品尝苦涩与无奈，经历挫折与失意。

在漫漫旅途中，失意并不可怕，受挫也无须忧伤，只要心中的信念没有改变，只要自己的季节没有严冬，即使风凄雨冷，即使大雪纷飞，我们也能生活得快乐。艰难险阻是人生对我们另一种形式的馈赠，坑坑洼洼也是对人意志的磨砺和考验。落英在晚春凋零，来年又是灿烂一片；黄叶在秋风中飘落，春天又焕发出勃勃生机。这何尝不是一种达观，一种洒脱，

一份人生的成熟，一份人情的练达？

这种洒脱人生，不是玩世不恭，更不是自暴自弃，洒脱是一种思想上的轻装，洒脱是一种目光的长远。有洒脱才不会终日郁郁寡欢，有洒脱才会体味到生活的快乐。

懂得了这一点，我们才不至于对生活求全责备，才不会在受挫之后彷徨失意。懂得了这一点，我们才能挺起刚劲的脊梁，披着温柔的阳光，找到充满希望的起点。一个人的性格，往往在大胆中蕴涵了鲁莽，在谨慎中伴随着犹豫，在聪明中体现了狡猾，在固执中折射出坚强。羞怯会成为一种美好的温柔，暴躁会表现一种力量与激情，但无论如何，豁达，对于任何人，都会赋予他们一种完美的色彩。豁达平和是一种健康的为人处世的方式，也是一种更高的人生境界。

因此，何必为生活的磕磕绊绊而耿耿于怀？放下过高的期望，凡事"谋事在人，成事在天"，顺其自然地享受征途中的一切，"不以物喜，不以己悲"，平平实实地处世，这样不是很好吗？

平和是一种心性的修养，是一种道德的修养；平和是一种境界，一种哲学。在日常的工作和生活中，我们清醒地意识到应该保持平和的心态。拥有一颗平和的心态，会让人感到烦恼少了，快乐多了，友谊单纯了许多，生活质量好像也高了，但是我们怎样才能做到"平和"呢？因为其实我们大家都生活在社会这个"名利场"中，以往发生在我们身上的抱怨、不满、自卑、妒忌等情绪或行为都使我们远离了"平和"。

有时候我们觉得对同样一件事物，从不同的角度、用不同的心情去观察、去品味，得出的结果和感受是完全不同的。比如，你面对工作中的失误，抱着一种推脱责任的心态，就会寻找理由为自己开脱，你就不可能在工作中得到快乐；但如果你勇于承担责任，你就会对工作有一种热情，因此有些人无论在什么位置、无论什么处境，总能找到快乐的理由、快乐的

方式，可有些人就做不到这点。这两者的区别，就在于各自拥有不同的心态，所以我们应换个角度去思考问题、换种态度去对待问题。始终保持平和的心态，你就会拥有快乐，享受快乐。从这个角度来讲，拥有平和的心态，就要做到付出和奉献，不计较回报。

有人曾问苏格拉底："请告诉我，为什么我从未见过您蹙眉，您的心情怎么总是这样好呢？"苏格拉底答道："我没有那种失去了它就使我感到遗憾的东西。"不以物喜，不以己悲，这是人生的一种境界。跌倒了并不可怕，重要的是懂得站起来时手里能够抓到一把沙子。

平和的心态是一种人生至高的境界，一种面对世俗的繁华常保内心的平静与达观的况味。人的一生中在某一段时期内保持平和的心态并不太难，难的是在荣誉、地位纷至沓来时，仍能保持平和的心态。

居里夫人是法国著名物理学家和化学家，是第一个得到诺贝尔物理学奖和化学奖的女科学家。这位在学术上取得巨大成就的夫人，终其一生都在以一种平和的心态面对着生活，无论是困苦抑或是富裕，还是失败抑或是荣耀。

平和的心态，是我们每一个女人都需要的，也是我们应该努力的方向。用平和的心态来看待一切，用平和的心态来对待一切，这样我们的心就会更宽广。心宽了，感觉就会好，看什么都会觉得顺眼，做什么都会觉得顺心。如此，幸福的感觉就会油然而生。

幸福不是得到的多，而是计较的少

很多人认为杨澜是幸福的，因为她得到了女人梦寐以求的一切，而杨澜看重的却不是她到底得到了多少，因为她一直深信：幸福不是你得到了多少，而是你计较的有多少。

生活中人与人的差别无处不在，于是人们在差别中不自觉地产生了攀

比的心理，而盲目攀比却让人们习惯性地将自己所作的贡献和所得的报酬与别人进行比较。如果这两者之间的比值大致相等，那么彼此就会有公平感；如果某一方的所得大于另一方，那么另一方就会心理失衡。

某机关的小朵，过着安分守己的平静生活。有一天，她接到一位高中同学的电话，告诉她想要聚聚，10多年未见，于是小朵带着重逢的喜悦去赴约。见面后，小朵发现昔日的老同学事业有成，嫁得又好，不仅有房有车，还一身的名牌，光彩照人。

小朵重返机关上班，好像变了一个人，整天唉声叹气，逢人便诉说心中的烦恼："这家伙，上学时考试老不及格，还总抄我的作业，凭什么有那么多钱？"

"我们的薪水虽然无法和富婆相比，但不也够花了吗？"她的同事安慰说。

"够花？我的薪水攒一辈子也买不起她一条钻石项链。"小朵满心不平地说。

"我们是坐办公室的，又不出外搞公关。"她的同事看得很开，小朵却为此终日郁郁寡欢。

人往往就是这样，很多烦恼都是因觉得不如周围的人而徒生出来的。其实世上本无事，实是庸人自扰之。别人固然有不如你的地方，但不是处处不如你，每个人都有自己生存的空间。她在她熟知的领域会超过你，并不说明你就是技不如人，只能代表你不了解某一方面的知识，说明她某些方面还是比你强，想明白了这些也就没有心结了。

有一个因为自己没有漂亮的鞋而苦恼的女孩，当她为自己有漏洞的鞋而闷闷不乐时，忽然有一天她看到了一个拄着拐杖要饭的没有脚的男孩，她才发现自己是多么的富有，又是多么的可悲。富有是因为她有一双脚，而可悲却是因为她不懂得珍惜现在的生活，不懂得欣赏自己所拥有的一切。

很多女人总希望自己拥有的再多一些，从来没有满足的时候。一个永不知足的女人是无法感受到生活的乐趣的，女人只有对现有的一切感到满足，才会活得洒脱，快乐、幸福也在其中。

托尔斯泰说："欲望越小，人生就越幸福。"他还讲过这样一个故事：

有一个人想得到一块土地，地主就对他说，清早，你从这里往外跑，跑一段就插个旗杆，只要你在太阳落山前赶回来，插上旗杆的地都归你。那人就不要命地跑，太阳偏西了还不知足。太阳落山前，他是跑回来了，但已精疲力竭，摔个跟头就再没起来。于是有人挖了个坑，就地埋了他。牧师在给这个人做祈祷的时候说："一个人要多少土地呢？就这么大。"

正像《伊索寓言》里所说的："有些人因为贪婪，想得到更多的东西，却把现在所有的也失掉了。"

所以，女人在生活中应该明白这样一个道理：即使你拥有整个世界，但你一天也只能吃三餐。这是人生思悟后的一种清醒，谁真正懂得它的含义，谁就能活得轻松，过得自在，白天知足常乐，夜里睡得安宁，走路感觉踏实，蓦然回首时没有遗憾！

人，饥而欲食，渴而欲饮，寒而欲衣，劳而欲息。幸福与人的基本生存需要是不可分离的。人们在现实中感受或意识到的幸福，通常表现为自身需要的满足状态。人生存和发展的需要得到了满足，便会产生内在的幸福感。

然而，现实生活中，很多女人总是不满足于自己所拥有的，总有着许许多多的欲望。法国哲学家卢梭说："10 岁时被点心、20 岁被恋人、30 岁被快乐、40 岁被野心、50 岁被贪婪所俘虏。人到什么时候才能只追求睿智呢？"的确，人心不能知足，是因为物欲太盛。

欲望一方面是人们不懈追求的原动力，成就了"人往高处走，水往低处流"的箴言；但另一方面也诠释了"有了千田想万田，当了皇帝想成

仙"的人性中的致命弱点。

事实上，我们所拥有的并不少，而因为欲望太多就使自己不满足，甚至憎恨别人所拥有的，或是期望比别人拥有更多，以致心里产生忧愁、愤怒和不平衡。欲望太多，就会导致心理贫穷。相反，如果我们能够淡泊心志，我们的生活将会充满幸福和快乐。

第六篇
幸福圆满：婚姻家庭，
女人最终极的幸福

　　有人说，杨澜是幸运的。因为她不仅开创了事业上的辉煌，实现了许多人一生都无法实现的梦想，还有一个深爱她的丈夫和两个可爱的孩子。的确，有人说婚姻与家庭才是女人最终极的幸福。这世间有许多值得为之努力的东西，金钱、名誉、地位……但对女人来说，亲情有着更为重要的意义，能带给女人更多的幸福感。家是什么？杨澜说："家是幸福的港湾。当你疲惫的时候，家可以让你放松，可以让你睡过一觉之后重新面对生活。"

Lesson16
女人不坏，
请用力爱

结婚是件非常单纯的事情

男婚女嫁自古以来就被称为终身大事，婚姻意味着与一个人结合一生，从此两人朝夕相处，荣辱与共。正因为婚姻具有这种可以改变人生命轨迹的魔力，所以许多人在婚姻的围城外徘徊犹豫。但杨澜告诉我们："结婚是非常单纯的事情，别搞得那么复杂，相信每个女孩都是渴望爱情的。当女孩遇到自己深爱的那个人时，就会发现想跟他在一起，无所谓贫富，无所谓生死。女孩不要为了结婚而结婚，也不要为了想得到某种生活而结婚。"

的确，正像杨澜所说的，在没有遇到适合你的那个人之前，你可能会觉得结婚需要考虑的东西太多太多了，但当你真的遇见他时，你会发现原来一切的一切都不是问题。为爱结婚，的确是件非常单纯的事情。

生活中，什么样的人应该去结婚呢？是认识了婚姻抉择真谛的人。婚姻的抉择真谛是：决定成婚时，明知极可能会有更好的人出现，但是此时

此地此生，就是选择了他。弱水三千，只取一瓢饮。眼前即可掌握的小小幸福，大过未来不可测、不可知的机缘。

一个人真正喜欢另一个人，并不是因为对方最好、最漂亮、最有钱、最能干……即使有更好的人出现，也不会改变。而是有了他，就很满足。现在接受了他，以后他会怎样，也都认了。这就是选择的真谛。

如果你认为生命价值高、时间宝贵，在婚后多年发现有更好的对象时也不后悔，那表示你早已踏实地开始自己的婚姻生活了，并且从中得到了一些收获与喜悦。同样的，当你毫不心动，完全不需要异性，也不想拥抱婚姻时，也不应该为了结婚而结婚。当你心动又想行动，情绪处于最佳状态，对婚姻有了正确认识及心理准备时，就可以结婚了。

在宽广的未来森林里，也许会有无数只孔雀可以和你缔结姻缘，可是你宁愿选择眼前的唯一，重要的是，从现在开始，彼此义无反顾、全力以赴地去经营婚姻。

有一次，爱情使者丘比特请教爱神阿佛罗狄忒："LOVE 的意义是什么？"

阿佛罗狄忒说：

"'L'代表 Listen（倾听），爱就是要无条件、无偏见地倾听对方的需求，并且予以协助。

"'O'代表 Obligated（感恩），爱需要不断地感恩，付出更多的爱，灌溉爱的禾苗。

"'V'代表 Valued（尊重），爱就是展现你的尊重，表达体贴，真诚地鼓励，发自内心地赞美。

"'E'代表 Excuse（宽恕），爱就是仁慈地对待，宽容对方的缺点和错误，接受对方的全部。"

生命中，想拥有明朗长久的爱，我们就要学会，倾听对方，感谢对方，尊重对方，宽恕对方。

另外，爱，还代表着信任。马路上，他们在一起散步。她任性地闭上眼睛，让他牵着走，他欣然应允。她眼前一片漆黑，来往的车辆声不绝于耳，刚开始的新鲜刺激很快被惧怕取代。尽管她知道他会尽力为她挑选每一步路，会避开一切可能的磕绊，可她还是忍不住睁开眼睛。只有这样，她才有生命把握在自己手中的那份踏实感。

她提议他也尝试一下，于是他坦然地将手放入她的掌心，闭上了双眼。在她的牵引和指挥下，他们穿行于嘈杂的人流中，却不见他有半点胆怯，更没有丝毫犹豫，她以为他会很快睁开眼睛，可他一直双目紧闭。过了一段时间，她告诉他可以睁开眼睛了。她问他："闭上眼被人牵着手走路，怕不怕？"他怔了怔，拉过她的手，笑着说："被心爱的人牵着手走路，怎么会怕呢？"望着他满眼的真诚，她的眼中渐渐盈满了喜悦的泪水。

为爱而存在的婚姻，的确是件非常单纯的事情。如果你也正徘徊在婚姻的围城外，那么就想想自己是否已经理解了"LOVE"这个词的含义，如果答案是肯定的，那么恭喜你，你已经具备拥有幸福婚姻的基础了。

给我一个家，我会给你整个世界

名人的婚姻基本上都被媒体关注的放大镜放大了，于是名人的婚姻更多地被冠名，比如利益婚姻、交易婚姻、商业联姻什么的，这对名人显然是不公平的。有很多名人在媒体的关注下，将自己的情感隐藏了起来，但吴征和杨澜并没有这样做。抛开名人的光环，去掉商人的头衔，你会发现，吴征和杨澜爱得自然，爱得真实，跟外界没有一点关系，只是单纯的两颗相互吸引的心。

从1995年杨澜和吴征结婚到现在，他们已经幸福地走过了10多个年头。杨澜是一个渴望有稳定家庭生活的人，小时候的家庭温馨和亲情给杨澜留下了太多美好的回忆；而多年的海外漂泊也让吴征有种寻求归宿的感

觉，渴望安静与稳定的家庭。

有人说："婚姻是男人给女人的一个归宿，是女人给男人的一份柔情。"杨澜给吴征的是一个家，而吴征给杨澜的是整个世界。

杨澜告诫二十几岁的女孩子说，最好是找一个能够帮助你实现梦想的老公："女孩到了二十几岁后，就要有着明确的梦想，然后再为了这个梦想去奋斗，当你确定了一个梦想后千万不要改变，就好像当你发现到一个可以帮你实现梦想的男人，千万要想办法让他成为你的老公一样。女人不要以为有些梦想自己一个人就可以实现，或者有些非常优秀的女人，特立独行地想通过自己的努力来实现梦想，但是如果有个男人做后盾，这个梦想就能得到很好的实现，特别是能提供资金支持的男人。

"现在，有梦想的女孩似乎很少，有些女孩只不过是想拥有简单的工作与简单的爱情，与一个男人在一起幸福地生活。但真正优秀的男人，会希望自己的老婆是有抱负的女人。所以，如果女人有梦想，男人会全力支持的。女人完全可以让自己的梦想跟随着自己一起嫁给一个男人，只要他愿意帮你实现梦想，就说明他是一个懂得欣赏你的男人。"

杨澜的这段话正是她幸福婚姻的真实写照，而她的丈夫吴征就是一个能帮助她实现梦想的男人。结婚后的杨澜虽然沉浸在家庭的幸福之中，但这不是她所需要的一切，她的梦想是家庭的幸福与工作的充实相结合。吴征了解杨澜，于是他和杨澜一起创建了阳光文化，他要给杨澜创造一个电视世界，给她一片可以自由飞翔的天空。杨澜说："我们俩的文化理念很相似，有共性，又各有所长，所以就能够相互合作，共同创造一份事业。"吴征因为经历丰富，所以以资本操作和管理为主，杨澜则因为有电视制作的经验而负责创意。正因为有了阳光文化这个平台，杨澜的才华才得以充分展示，不仅让曾经熟悉杨澜的内地观众再次一睹了她的风采，也让香港乃至全球的电视企业圈对她予以关注。

"给我一个家，我会给你整个世界"。这句话大概是所有女人最想听到

的一句话。找一个能够帮助你实现梦想的老公，你的世界会更精彩。如果你碰到一个真心愿意帮助你实现梦想的男人，别错过了，他就是你通往幸福路上最有力的支持者。

婚姻不是爱情的坟墓

有人说："婚姻是爱情的坟墓。"也就是说结婚意味着激情的冷却以及爱情的消逝。婚姻真的如此可怕吗？答案是否定的。杨澜以她的真实经历和感受告诉年轻的女孩们：爱情和婚姻是可以同时拥有的。

杨澜说："有人会说爱情跟婚姻是两码事，男人娶的女人是能一起过日子的，并不一定是自己真正深爱的；女人嫁的男人是能给自己提供一个温暖且安逸的家的，并不定是自己真正爱的。面对这些言论，好像很多人是在家庭与社会的压力下，为了结婚而结婚了。有些人结婚是有目的的，可能是为了让自己有个地方停留，可能是为了对以后的事业有所帮助，也可能是自己能从对方身上得到什么。

"但问一下那些甜蜜中的新婚夫妇，就会知道有时候爱情与婚姻是可以共同拥有的。婚姻是爱情的坟墓，只能说双方不懂得如何去经营爱情，相信当两个人决定结婚前，一定是彼此有感觉的，只是婚后的日子让爱情变平淡了。这仅仅只是因为结婚以后，男人与女人都放下了爱情中的浪漫，投入到工作中去了。"

的确，正像杨澜所说的，婚姻之所以没有了爱情那样鲜明而浪漫的色彩，是因为双方把精力投向了别处，这并不是爱情的消逝，而是两个人对爱情的忽略。只要多花心思在感情上，爱情就能以一种更加温情的面貌与婚姻同在。

其实，在婚姻中，生活中的细节同样决定成败。因为人的情感复杂而微妙，所以某些细节在夫妻情感的交流中也起着重要作用。那么，夫妻双

方要营造和维护美满的婚姻关系，要注意哪些生活细节呢？

1. 尊重对方

人都是爱面子的，当着别人的面批评爱人，最容易伤其自尊，影响夫妻感情。所以，要学会尊重对方，尊重他的思想和感情，越是人多的时候，越要恭维他，以博得他的欢心。等到夫妻俩单独在一起时，你可以再向他提些意见，甚至可以进行严肃的批评，对方会在愉快接受之余，感受到你煞费苦心中体现出的浓浓爱意，从而以加倍的爱来回报你。

2. 必要的信任

如果你不信任你的丈夫，就好像是在沙上筑塔，别想会建立起亲密无间的夫妻关系。缺乏信任是通往亲密之路的最大阻碍，每个人的成长经历都会影响到信任习惯的养成，幸福的婚姻是建立在互相信任的基础上的。

3. 适当依赖

如果你在精神、物质上完全依赖别人，让对方扮演供应者的角色，你的自尊便会被人拿走，你会更缺乏安全感，产生寂寞感，恐惧感也会日渐加深。真正的亲密关系是一种微妙的平衡互动关系，对爱人适当依赖会使你的吸引力更持久。

4. 学会取悦爱人

有些女人，婚前与爱人约会时，总要想方设法取悦对方，但结婚以后便不再在意对方对自己的感觉。这种做法会减少自己对丈夫的吸引力，进而损伤夫妻感情。所以，婚后的女人应细心体会丈夫的内心感受，不但要处处体贴照顾丈夫，而且要学习一些取悦丈夫的技巧，如学做几个拿手的好菜，为他新买的西装配条出色的领带，不时来点幽默等。

5. 创造意外惊喜

出乎意料地给爱人一点惊喜，常会起到感情兴奋剂的作用，对于增进夫妻感情很有好处。如瞒着丈夫，为他买一样他很想得到的物品，举办一次他没有准备但非常喜欢的活动等，这些都可使他获得意外惊喜，从而在

惊喜中迸发出强烈的感情火花。

6. 适当来点小别

俗话说："小别胜新婚。"过了一段平静的夫妻生活后，有意识地离开对方一段时间，故意培养彼此对对方的思念，再欢快地相聚。这时，就能使夫妻俩思念的感情热浪交织成愉悦的重逢狂欢，把夫妻感情推向一个新的高峰。

7. 注意自身形象

有些女人，婚后对衣着、容颜等不再讲究，其实，无论夫妻哪一方，都不希望对方在别人的心目中留下不好的印象。因此，女人在婚后注意自身形象，不但可以取悦丈夫，而且可以在公众场合为对方赢得面子。否则，就有可能影响双方的感情。

8. 不要对爱情期望过高

如果你认为爱情能医治你心灵上的创伤，因此把这一过分的希望强加在你的爱人身上，那你得到的只能是不断的失望以及他对你的反感。这些不切实际的希望所产生的效果总是适得其反的，它们不会使你得到身心上的放松。反而会让爱情因背负了太多的期望而更加艰难。因此，与其给爱情加注过多期望，不如轻轻松松，顺其自然。

9. 彼此保留一些自我空间

当代女性十分注重保持在家庭婚姻中的独立意识和独立人格。在婚姻家庭领域保留一些自我空间，是女性保持独立性的首要条件。

女性保留一些感情空间，用来爱自己。她们心中的秘密不全部对爱人说，业余时间不单单同家人在一起，还要参加各种社交活动。当然，给丈夫保留一些自我空间也是非常必要的。但日常生活中常常会出现这种情况：妻子总希望丈夫能守在自己身边，而丈夫并不愿意。虽然妻子给丈夫做了可口的饭菜，对待丈夫十分温存，但丈夫仍感觉不到快乐，相反，他们会感到空虚、无聊，妻子黏得越紧，丈夫的这种感觉越强烈。因此，在

婚姻生活中，除非夫妇能够相互尊重对方的嗜好，并给对方一些空间，否则，没有一对夫妇能够幸福和美满。

10. 慎交异性朋友

夫妻婚后有自己的社交活动，这是很正常的。但是，与异性朋友交往时要非常慎重，要留有分寸，让彼此关系控制在普通朋友的程度。对那些明显对自己有好感甚至对自己不怀好意的异性朋友，要主动疏远，用理智来处理感情纠葛。特别是遇到第三者插足的危险时刻，更应这样做，以杜绝他人的非分之想。

11. 把承诺进行到底

婚姻不仅仅是一纸法律契约，还包含了身体、情感上的结合。在婚姻里，夫妻双方都热切期盼彼此感情归属的忠诚及患难与共的相互扶持。在这里，没有中间的灰色地带，你不能只做一半的承诺，而必须要做到一诺千金，一诺到底。

12. 回忆美好时光

热恋期是婚姻的前导，热恋中的男女那种"一日不见，如隔三秋"的情感，实在是非常美妙的。结婚以后，经常回忆婚前热恋时的美好时光，能唤起夫妻的情感共鸣，并在共同的回忆中增加浪漫情感，更加向往未来，从而增进夫妻感情。

13. 再度蜜月

新婚蜜月，是夫妻俩感情最浓的时期。那时，两人抛开一切干扰，进入只有两个人的甜蜜爱情天地，享受伊甸园之乐。婚后，如果能利用节假日，每年安排时间不等的"蜜月"，再造只属于两人的爱情小天地，重温昔日的美好时光，定能使夫妻感情越来越浓。

14. 留足爱的时间

现代社会里，竞争激烈，生活节奏日益加快，每个人的工作都十分繁忙，有不少人因忙于事业而顾不上夫妻间的感情生活，以致夫妻经常不能

一起吃饭、休息，影响了两人感情的巩固和发展。所以，一对夫妇工作再忙，也要挤出时间留给两人共同生活，共浴爱河。

15. 保持性生活新鲜

性生活是联络夫妻感情的重要途径，良好的性生活是巩固和发展夫妻感情的必要保障。不少夫妇婚后性生活一成不变，缺乏创新，并导致感情钝化。所以，要不断创造新鲜的性生活方式，通过改变性生活的时间、地点、体位等办法，使夫妻双方都能从永远新鲜的性生活中获得新鲜的感受，以使夫妻的感情之花永葆新鲜。

16. 留些个人隐私

再宽容的人，对于爱人的绯闻也会心生醋意，至于得知对方"红杏出墙"的艳事，则更难容忍，由此导致家庭破裂的事并不少见。所以，将过去个人情史上的隐私，对现在的爱人"坦白交代"并非良策，那样，非但不能增进感情，反而会带来双方感情危机。因此，留些个人隐私，是巩固和发展夫妻感情的明智选择。

17. 警惕财务危机

结婚以后，如果不能维持家庭的收支平衡，就会出现家庭财务危机，影响夫妻感情。有些家庭，钱归一方掌管，如果不能做到财务公开，当一方经济要求得不到满足时，也会产生家庭矛盾。因此，夫妻双方要共同理财，坚持量入为出的持家原则，勤俭节约，精打细算。手中要始终留有一些应急经费，以备不时之需，这样，既能防财务危机于未然，又能拒感情危机于千里。

18. 庆祝有纪念意义的节日

结婚纪念日、对方生日、定情纪念日等，是夫妻双方爱情史上的重要日子。当这些有纪念意义的日子到来时，应以适当的形式予以纪念，使双方都感到对方对自己怀有很深的爱意，这对于巩固夫妻感情有很大作用。

19. 补偿往昔的"情债"

不少夫妇结婚时因条件限制，未能采取心中理想的形式来回报对方的爱意，如未能度蜜月、未能给爱人买一件像样的礼品、简化婚礼程序等。结婚数年，当家庭条件具备时，要记着完成当初未能让对方如愿的事，以偿还过去欠下的"情债"，这会使对方觉得你是个重情、多情的人，爱你之情会倍增，如不少男性婚后给爱人买首饰，许多已过而立之年的夫妇补拍结婚彩照等。

20. 别忘和爱人吻别

你绝对想不到，当你急着出门时的匆匆一吻有多么大的魔力，临别的一吻能把你们彼此的心紧紧地系在一起，让你一整天都沉浸在甜蜜中，好像他从没离开过似的。如果你因公出差，也别忘了打个长途电话，让他知道，你的心好端端地放在他那儿。

以感恩之心来营造二人世界

爱一个人，就会傻傻地忘了自己；就会爱他所爱，痛他所痛；就会因为他的开心而开心，因为他的悲伤而悲伤；就会挂念着他的衣食住行；就会爱他的全部，包括他的缺点……也许不了解爱情的人会觉得很累，觉得自己的生活经不住这样的折腾，只有当事人才能体会到内心的甜蜜，也只有感恩的心才能感受到两个人在一起生活的美好。

几十年前，一个男孩对一个女孩说："如果我只有一碗粥，我会把一半给母亲，另一半给你。"于是女孩喜欢上了这个男孩。

有一次村里发大水，男孩忙着去救别人，却没有去救女孩。别人问他为什么，男孩说："如果她死了，我也不会独自活在这个世上。"这一年女孩20岁，男孩22岁，女孩嫁给了男孩。

在闹饥荒的年月里，两人只有一碗粥，他们互相谦让，都想让对方

吃，结果这碗粥三天后发了霉。那时他们分别是 40 岁和 42 岁。他 52 岁那年，因家庭成分不好被挂上牌子批斗，已经 50 岁的她心甘情愿地陪伴着他。她告诉他："无论有多大的苦多大的难，你是我生命中唯一的支流，我永远是你爱的源头。"

许多年过去了，他们成了 70 多岁的老人。在一次乘公共汽车时，有一位年轻人给他们让座，他们谁都不肯自己坐下而让对方站着，于是两个人紧紧靠在一起抓着扶手。这时车上所有的人都被这美丽而朴素的风景感染了，齐刷刷地站了起来，充满敬意的眼睛，仿佛看到他们心中的玫瑰花正在盛开，醉人的温馨里浸润着浓浓的爱意……

生活的爱意，有时候就只是一个眼神、一句话而已。生活中，一些女性价值观发生了变化，她们觉得只有找到一个大款，把自己嫁出去，才能够维系生活的浮华，也能满足自己的虚荣心，但是那些大款在外面风光，内心未必适合你。事关一辈子的幸福，女人还是应从自身出发，不要为了一时的虚荣，误了自己的一生。

高跟鞋，看起来闪亮无比，但穿在脚上用于远行，却实在不是一件快乐的事。婚姻也是这样，不求浮华但求适合，36 码的脚不能穿 35 码的鞋，爬山的脚不该穿时髦的高跟鞋，也就是说，金碧辉煌的宫殿也许不适合你住，舒适温馨的小巢也许才是你真正的安乐窝。但无论如何，什么样的脚配什么样的鞋，什么样的女人配什么样的男人，如果女人想嫁个优秀的好男人，为自己找到一生的依靠，就别忘记，男人也有大脑，他们会随随便便找一个人就娶了吗？不会的，他们也会精挑细选，再三斟酌，直到碰到了自己想要的那一位，才会安安心心地走进婚姻的殿堂。

婚姻要谨慎，同时也要用心经营，幸福总是来之不易的，但是只要时时能为对方着想，以一颗感恩的心面对生活，你一定会是这世上最幸福的人。

"糊涂"是保鲜爱情的最高境界

中国有句古话："难得糊涂。"大诗人纪伯伦曾说："恋爱和疑忌是永不交谈的。"用在婚姻上，也同样如此。

100多年前，拿破仑三世，即巨人拿破仑的侄子，爱上了全世界最美丽的女人——特巴女伯爵玛利亚·尤琴，并且和她结了婚。他们拥有财富、健康、权力、名声、爱情、尊敬。他的爱情从未像这一次燃烧得这么旺盛、狂热。

不过，这样的圣火很快就变得摇曳不定，热度也冷却了，最终只剩下灰烬。拿破仑三世可以使尤琴成为一位皇后，但不论是他爱的力量也好，帝王的权力也好，却都无法阻止这位法西兰女人对他的猜疑和嫉妒。

她具有强烈的嫉妒心理，不给他一点私人的空间，藐视他的命令。甚至当他处理国家大事的时候，她竟然冲入他的办公室；当他讨论最重要的事务时，她却干扰不休。她不让他单独一个人坐在办公室里，总是担心他会跟其他女人亲热。她常常跑到她姐姐那里，数落他的不是。她会不顾一切地冲进他的书房，不停地大声辱骂他。拿破仑三世虽然身为法国皇帝，拥有十几处华丽的皇宫，却找不到一个安静的地方。

的确，尤琴坐在法国皇后的宝座上，也是世界上最美丽的女人。但在猜疑和嫉妒的毒害之下，她的尊贵和美丽，并不能保住她那甜蜜的爱情。

人们常说，恋爱中的人们，智商趋近于零。恋人中最为常见的两种表现是嫉妒和猜忌过重。这两种心态，不仅影响爱情的顺利发展，还关系到个人形象问题，它直接损害一个人的自我形象，是有损于爱情生活的。因此，每一个处于恋爱中的人，都要警惕这两只咬噬爱情之树的蛀虫。

生活中一些事情常常是物极必反的：你越是想得到他的爱，越要他时时刻刻不与你分离，他越会远离你，背弃爱情。你多大幅度地想拉他向

左，他则多大幅度地向右荡去。

一个爱情多次受挫的美丽女孩逐渐学会了对她所爱的人说："我爱你，珍惜你，尊重你。我相信，如果我不拦你的路，你能够或有能力充分发展成你所能成为的人。因为我太爱你，所以我能放手让你与我并肩而行，走在快乐里和痛苦里，我会分担你的眼泪，但我不会要你不哭；我会响应你的需要，关心你，安慰你，但我不会在你能自己走时拖着你不放；我随时准备在你难过和孤独时与你在一起，但我不会不让你体验自己的难过和孤独；我会尽力听懂你的话和意思，但我不会总是同意你所说的。有时我会生气，生气时我会尽量让你知道我在生气，以使我们不必为有分歧而彼此过不去。"

毫无疑问，爱人时常需要从捆在他脖子上的爱的锁链里挣脱出来。我们应当自信，真正的爱是可以超越时间、空间的。因此，作为婚姻的双方，请留给彼此一定的距离。这距离不仅仅包含空间的尺度，还包含心灵的尺度。留下你自己独特的性格，不要与他如影随形；留下你自己内心的隐私，不要让他感到你是曝光后苍白的底片；留下你一份意味深长与朦胧的神秘，不要试图挽留他离去的脚步。不要幻想他的目光永远专注于你，一切都应是自然形成，在你与他之间留下一段距离，让彼此能够自由呼吸。

如果能够"糊涂"一些，女人就会远离很多烦恼，活得更加快乐，不会让生活的琐碎在脸上留下岁月的痕迹。郑板桥的一句名言"难得糊涂"，洞明世事：聪明易做，糊涂难为，被世事纠缠不清的人难有大智慧、大作为。不要太过计较，糊涂一些又何妨？只有想得开，放得下，朝前看，才有可能从琐事的纠缠中挣脱出来。假如对生活中发生的每件事都寻根究底，那实在是既无好处，又无必要，而且破坏了生活的诗意。

Lesson17
儿子与女儿——
杨澜最幸福的满足

做妈妈是件多么幸福的事情

母亲这个称谓有一种温馨的厚重感，这是杨澜经过10月孕育的真实体悟，也是一个女人在爱情的幸福里体会到的另一种深层幸福。

如果说亲情对人是一种负担的话，那也是人生最甜蜜的负担。

在一条坎坷陡峭、人烟稀少的山路上，走着一个年轻的女人，她的背上背着一个四五岁的小男孩。女人走得气喘吁吁、汗流满面。尽管脚步沉重，但她依然咬紧嘴唇，稳稳地、一步一个脚印地往前走着……

一个同样被山路折磨得疲惫乏力的男人在路边休息，当女人经过他身旁时，他一脸同情地问："我身上背的东西比你背的轻得多，都累得不行了，你难道不觉得累吗？"

女人擦擦汗，平淡而又坚定地说："他不是东西，他是我的孩子。"接着又说："他不重，他是我的小孩子。"她脚步依然向前，没有丝毫犹豫。

生活中，孩子的出现，可能给我们带来了许多麻烦和负担，然而，生

命的传承有它不可言说的美丽。亲情，有时不需要华美的语言，一个眼神、一丝微笑，就可以将它表现得淋漓尽致，它并非沉重的包袱，而是彼此最甜蜜的负荷。

《圣经》中说："上帝无法降临在每一个人身边，所以造就了母亲。"由此可见，对母亲宽广而光辉的爱，东西方的认识是一致的。世界上最伟大的爱是母爱，上帝在创造人间"母亲"的时候花了很长的时间，到了"母亲"出世的那天，仆人问道："您为什么在造她的时候花了那么长的时间啊？"上帝说："人间的母亲，具有站立起来就不会弯曲的膝部关节，她靠残羹剩饭就能生活，她拥有能够迅速医治创伤和疾病的亲吻，从挫折到失恋，都能治愈。她有6双手，3双眼睛，她的眼睛可以透过紧闭的房门洞察一切，当孩子们有了过失或麻烦时，她眼睛能够看着他们而不必开口就能表达这样的意思：我理解并爱你们。"母亲，就是上帝派到人间的天使。

养育孩子既是件麻烦的事，又是件无比幸福的事。看着自己孕育的小生命一天天长大，慢慢变得会说话了，有思想了，那种成就感和幸福感是无可比拟的。杨澜经常在自己的博客里写到和孩子们的趣事，例如有次提到儿子在写日记："他有时挠头搔颈，一副不知写些什么的样子。读着似曾相识的'我终于认识到，人不能因为取得一点点成绩就骄傲自满，不然……'我经常会笑出声来。"看得出，此时身为一个母亲的杨澜是最幸福的。

当好孩子的第一任老师

人生名利如浮云，其实最值得珍惜的还是家庭和亲情。杨澜也体验着一个母亲养育孩子的幸福。杨澜知道，一个成人，在教育孩子的时候自己也在成长，当孩子在大人的呵护下成长的时候，父母也从孩子那里得到了

另一种呵护，一种可以用亲情来描述却又无法捕捉到的情感。

从名人的光环下走出来，杨澜将自己定位于妻子和母亲的角色。如今的杨澜，已是两个孩子的母亲，她从来没有给孩子们请过家教，甚至没有要求孩子的考试成绩一定要在前几名，唯一一次给儿子安排的补习班是学习书法。因为作为母亲，杨澜认为，无论孩子今后去哪、做什么，他都是一个中国人，所以必须让优秀的中华民族的文化渗进他的血液。杨澜说："母亲的最大任务，就是要培养孩子健康的人格和思维方式。"

的确，在一个家庭中，真正会爱孩子的父母，除了物质上的必要满足之外，更多的是从思想上帮助孩子，使其多学习、多修身、多自立，流自己的汗，吃自己的饭，而不是躺在父辈提供的安乐窝里睡大觉。教孩子学正道、走正路、干正事，才会使其终身受益，健康成长。

马克思说："家长的行业是教育子女。"如何教育呢？鲁迅先生的回答是："养成他们有耐劳作的体力，纯洁高尚的道德，广博自由能容纳新生潮流的精神，也就是能在世界新潮流中游泳不被淹没的力量。"纵观当今世界，培养孩子自立的能力，锻炼孩子经受磨砺的耐力，鼓励孩子勇于竞争的心力，已成为培养下一代的主要倾向。

美国总统福特还在任时，他女儿苏珊在念大学，苏珊经常到通讯社等部门搞杂务和摄影报道，用此收入补充自己的学习费用，而不是完全依赖当总统的父亲。芬兰一位总理的女儿在瑞士上学，由于瑞士的物价比芬兰高，父母给她的费用只够 2/3。为了弥补 1/3 的不足，业余时间里她就到饭馆去帮着刷洗餐具。在日本，90% 以上的大学生都是勤工俭学的，即使是家庭十分富裕的孩子也不例外。

如同一句谚语所言："那双推动摇篮的手，也在推动着人类的未来。"母亲对孩子的重要性不言而喻。作为母亲，一定要明白，在孩子的成长过程中，自己扮演的是一个决定孩子命运好坏的重要角色。一个人一生中最早接触到的教育大都来自母亲，母亲不经意的一句话可能就决定着孩子的

未来。

母亲是最好的老师，教育孩子的正确方法就在母亲心中。所谓正确的教育方法，是母亲在对孩子的长期观察和不断理解的过程中确立起来的。

虽然一些母亲认同"母亲是孩子人生道路上的第一任老师"这个观点，但应该如何做老师，怎么和孩子交朋友，依然让很多母亲感到困惑。

有些母亲会处处以老师的姿态和孩子相处，却忽略了做朋友的平等。她们总是像严师一样要求孩子要这样做，不要那样做，应该学这些，不应该学那些。孩子虽然会因此而学到一些知识或懂得一些道理，但可能只是表面明白，知其然，而不知其所以然，因为他们对母亲更多的是像对老师一样的遵从和敬畏，而少了一些与朋友相处的亲近和平等。

历史上很多有成就的人的母亲都有一些共同特点：喜欢与自己的孩子一起学习，共同探讨问题；精力旺盛，耐心细致，不会因孩子把东西搞得又脏又乱而大发脾气，孩子一时做错事，也能容忍宽恕；孩子从事一些稍带冒险性的活动，她们一般能允许，甚至会和孩子一起尝试……她们都明白一个道理：孩子虽然幼小，但不要以为他们什么都不懂，他们同样有自己的自尊心与想法。

其实，无论是做孩子的朋友，还是做老师，母亲都是孩子在这个世界上最值得信赖的人。热爱孩子、教育孩子是母亲的天职，母亲应该把老师、朋友、母亲这三种角色相融合，教育孩子的时候，既不要忽视对孩子心灵和情感的关爱，也不要忘记教育的责任。因为，母亲不仅是孩子生命里的第一位良师益友，更是孩子终生的良师益友！

做孩子心中快乐的天使

从孩子出生的那一刻起，我们就对他寄予很大的期望，希望他能够按

照我们规划好的方向成长和发展。但是，孩子是一个独立的个体，他有自己独立的思维和意识，有时候，他觉得父母给的压力太大了，他承受不了，就会逃，会反抗……于是在父母和孩子之间，产生了一种叫做代沟的东西。其实，我们在关心孩子成长的时候，更应该注重心灵上的引导，而不是精神上的约束。

有一个孩子，功课差极了，老师说他的智力有问题。看上去，这个孩子的确有些沉默寡言，他可以一个人坐在屋前的花园里看着花草小虫很长时间。他的父亲教训他："除了喜欢打猎、养狗、捉老鼠以外，你什么都不操心，将来会有辱你自己，也会辱没我们整个家族。"姐姐也看不起这个学习成绩平平、行为怪异的弟弟。他在家里是一个不受欢迎的人。

但是他的母亲爱他，她想如果孩子没有那些兴趣，不知道他的生活还会有什么色彩。她对丈夫说："你这样对他不公平，让他慢慢学会改变吧。"丈夫说："你这不是教育，你会毁了他的一生。"但她坚持自己的想法，认为他是她的孩子，需要她的安慰和鼓励。

她支持他到花园中去，还让姐姐也去。她对女儿说："比一下吧，孩子，看谁从花瓣上先认出这是什么花？"他要是比姐姐认得快，妈妈就吻他一下。这对他来说，是多么令人兴奋的一件事。最终他回答出了姐姐无法回答的一些问题。他开始整天研究花园里的植物、昆虫，甚至观察蝴蝶翅膀上斑点的数量。

对于妻子的做法，丈夫觉得不可理解，认为那种怜爱是无助无望的，除了暂时麻醉孩子之外，毫无益处。

但是，就是这位醉心于花草之中的孩子，多年后成了生物学家，创立了著名的"进化论"，他就是达尔文。

如果说父母是太阳，那么孩子就是向日葵，他总是渴求阳光的方向，所以把父母当成了自己情感依托的天堂。但是，如果父母没有很好地把握自己对孩子的教导，就可能将孩子引入歧途。

做孩子心目中快乐的天使吧，即使他不爱说话，也要积极与他交流；即使他很自卑，也要让他意识到这个世界还有阳光；即使他不懂得爱，也要将他懵懂的意识唤醒，让他感受到亲情的温暖……你的心引领着他的心，你的快乐感染着他的快乐，千万不要将自己思想的阴霾传染给孩子，那样，你等于将一颗毒瘤注入了一个健康的心灵。

杨澜的定位：首先是女人，然后才是电视人

就像当初在众人诧异的目光中离开《正大综艺》一样，1999 年 10 月，杨澜在节目做得有声有色的时候，作出了离开凤凰卫视的决定。这次的离开是因为亲情的呼唤。在北京、上海、香港三地之间的游击战，让杨澜觉得疲惫不堪。杨澜认为自己首先是一个女人，然后才是一个电视人。当面对亲情和工作之间的取舍时，杨澜知道，自己应该回归家庭。她说："离开凤凰的原因只有一个，在事业与家庭的选择中，我选择家庭。"

"首先是女人，然后才是电视人"。这是杨澜给自己的定位。当她回到家时，儿子问道："妈妈，你真的再也不走了吗？"这种只有母子间才懂的感动，让杨澜觉得没有比这更让人感觉幸福的了。

这世间有许多值得你为之努力的东西，金钱、名誉、地位、成就……但一个人的精力是有限的，有时候，你必须给自己一个定位，选择一样对你来说最重要的东西。

疲惫的张月下班回到家已经很晚了，她心里有些烦，只想休息一下。这时，她看见小儿子正靠在门旁等她。

"妈妈，我可以问你一个问题吗？"

"什么问题？"

"妈妈，你一小时可以赚多少钱？"

"为什么问这个问题？"张月问道。

"我只是想知道，请告诉我，你一小时能赚多少钱？"儿子恳求道。

"我一小时赚 40 元，这有什么问题吗？"张月不悦地说。

"哦，"儿子低下头，接着又说，"妈妈，可以借我 10 元钱吗？"

张月生气了："别想拿钱去买那些毫无意义的玩具，给我回到你的房间上床睡觉。你为什么这么自私呢？我每天都在辛苦地工作，这一点你根本无法体会。"

儿子一言不发，回到自己的房间并关上门。过了一会儿，张月平静了下来，觉得刚才对孩子太凶了，或许孩子真的很想买什么东西，再说他平时很少要钱。于是张月走进儿子的房间，轻轻地问躺在床上的儿子："你睡了吗，宝贝？"

"妈妈，还没，我还醒着。"

"对不起，我刚才对你太凶了，这是你要的 10 元钱。"

"妈妈，谢谢你。"儿子欢叫着从枕头下面拿出一些被弄皱的钞票，慢慢地数着。

"你已经有钱了，为什么还要？"张月又有些生气。

"因为在这之前不够，但我现在够了。"儿子回答，"妈妈，我现在有 40 元了，我可以向你买一个小时的时间吗？明天请早一点回家——我想给你读一下我写的作文，是老师在我们班里读过的，可以吗？"

张月的心一颤，紧紧搂住了儿子。

生活中，为了家庭，我们拼命地工作，却总是很少给自己和家人留下

时间，醒悟时才发现留下了太多的遗憾。女性如果以为有了事业就有了一切，那她最终会发现，这不过是她一相情愿而已。一名职业女性，不管她介入社会程度如何，哪怕当上厂长、经理，当上县长、市长乃至省长、部长，在家庭里她也不能放弃她的传统责任，出嫁前为人女，出嫁后为人妻，生育后为人母。英国的撒切尔夫人，连续三届出任英国首相，经过12年的精心治理，国家各方面都有所改善，人称"铁娘子"。她可谓超级"女强人"，但她并没有因为事业而忘了自己是个女人，时常忙里偷闲，在家里的厨房为家人做丰盛的饭菜，尽显好女人风采。

所以说，女人任何时候都别忘了自己作为一名女性的特质。珍惜现在拥有的，和家人聊聊天，和孩子做做游戏，在亲人们的欢笑中体会那种发自内心的幸福感。

事业与家庭并无矛盾

杨澜拥有女性梦寐以求的一切：才学、名气、事业、家庭、财富。她实现了许多人一生都无法实现的梦想。她不仅拥有骄人的事业，还有幸福的家庭，有疼爱自己的丈夫和两个可爱的孩子。人们常说一个事业成功的女人，家庭往往不尽如人意，但杨澜温柔而优雅地平衡了事业和家庭在生活中的比重。

很多人采访杨澜的时候都会问："对于婚姻和事业，你觉得哪个更重要？"杨澜毫不犹豫地说："当然是婚姻重要了。拥有完美的婚姻很难。我认为事业成功与婚姻幸福并不是相互抵触的，关键要有平衡的智慧。"

事业与家庭并无矛盾，这一真理也经过了另一位成功女性的验证，她就是安利（中国）董事长郑李锦芬。

在"2007中国最佳商业领袖奖"颁奖礼上，主持人问郑李锦芬，如何兼顾家庭和事业？这是一个永恒的难题，郑李锦芬是这样回答的："我觉

得两者必须要做好，我希望两者都可以兼顾。事业的成功可以为我们带来成功的喜悦与满足感，但是家庭的美满、和谐是我一辈子的事情，我是一个贪心的女人，我希望两者都可以兼得。"

郑李锦芬毫不讳言自己的"贪心"，因为事业和家庭对她来说的确同样重要。在她看来，一个成功女性应该同时拥有成功的事业、家庭与自我。

作为安利亚太区执行副总裁和安利大中华区行政总裁，郑李锦芬常年奔波于各地，一天只睡五六个小时是常有的事。然而，忙碌的工作不代表懈怠生活。郑李锦芬不仅事业有成，也拥有一个快乐幸福的家庭。她骨子里有特别传统的一面，谈起自己的丈夫和3个儿子，她就充满幸福感。她知道自己应该如何平衡家庭和工作的关系，也深知营造一个快乐家庭的重要性。只要没有非参加不可的应酬，一定要回家陪伴丈夫和儿子，这是郑李锦芬一个雷打不动的原则。郑李锦芬非常关心儿子，"只要一个电话，我会立刻把他们的问题当做首要问题。我们也有很多交流，每一两个月，我会单独跟我的一个儿子共进一次午餐，就只有我们两个谈谈心。"

对于现代女性来说，事业和家庭的矛盾常常是困扰她们的最大难题。虽然，我们并不能说事业与家庭之间是根本对立的，但女性常常因处理不好二者之间的关系，而把自己的生活搞得一团糟。

通常意义上，女人在生活中要承担为人妻母的角色，贤妻良母是社会和男人对女人的普遍要求。职业女性在担负与男人一样多的工作之后，还要承担大量的家务劳动。人的精力是有限的，当一个女人不甘平庸、渴望在事业上取得与男人一样的成就时，就必然要将大量的精力投入到工作中去，这势必会忽略家庭。而且，多数男人并不希望自己的妻子强过自己，所以，一旦丈夫是个大男子主义者，就必然会产生家庭危机。

在生产力还没有高度发展的社会里，在大家都需要饭碗，每个人必定要承担工作的社会里，我们要扮演好自己的职业角色，在激烈竞争的职场

上闯出一个属于自己的天地，说白了就是要事业有成。但事业与家庭并不矛盾，享受爱情，享受天伦之乐，是天经地义、无可非议的事。其实鱼和熊掌可以兼得，没有那么多非此即彼、你死我活的对立。家庭经营得好，可以成为推动夫妻双方事业发展的强大精神动力。如果有人说爱情、婚姻、家庭耽误了自己的事业，那他的思想还是非黑即白的"二元论"。

我们需要面包，也需要爱情。爱情是丝丝入扣的，需要经营和呵护。如果说家庭生活占用了自己的精力，那只能说明你不会生活或精力太有限了。如果说家庭生活让你没有了个人空间，那你的个人空间里装了些什么呢？日常琐碎的家庭生活也是培养爱情的温床，一杯茶、一个关切的问候、一抹甜蜜的微笑，甚至一次最终和好了的扯皮打架，都能让爱情更加温暖动人。

想想看，有这么可爱的家。有心爱的爱人和孩子，我们没有理由不去打拼，不去好好赚钱呀！毕竟我们需要自己的家更富裕、更加幸福。我们没有明星大腕们显赫的声誉、丰厚的收入，所以家庭对于我们的人生更重要。也许我们的工作很平常，但只要我们永远有一颗进取心，就能在工作上稳步前行；也许我们的家里不太豪华，房子也不太大，但它盛满了家人的关怀和鼓励；也许我们的物质生活朴素无华，但只要一家人能在精神上永不停滞，时时充实自己，给家庭之渠不断注入活水，永葆清新和彼此吸引，也就足够了。家庭和事业，就像人生的基石，如果你能牢牢踩在脚下，就一定会拥有幸福的人生！

在双重角色中做个好女人

女性走上社会之后，有了双重角色：职业角色与家庭角色。这两个角色有时相互限制，只顾一方必然会忽略另一方，这样就产生了角色冲突。但如果能调整好自己的角色，在演好职业角色的同时，也演好家庭角色，

这个问题就解决了。

生命是短暂的，只有对事业和家庭生活同样重视的女人，才有可能走向事业和家庭兼顾的成功。成功就在点滴中，不需要豪言壮语，也不需要惊天壮举，只要我们用真情和汗水，努力地经营家庭，努力地工作，就一定能够成为一个家庭和事业双赢的成功女性。

成功女性是走钢丝的高手，善于在家庭和事业之间求得平衡。眼见险象环生，忽地来个漂亮翻身，又是一副悠然美态。她们不是一成不变的角色，懂得在职业女性与各种角色之间进行角色转换，什么场合，什么角色，泾渭分明。在时间精力有限的前提下，要做到事业、家庭兼顾，并且要赢得家人，特别是丈夫对自己事业的理解和支持，没有后顾之忧，使自己精力充沛、全身心地投入到工作中去。

处理好家庭关系，必须把握好平衡的艺术，做到以下几点会对你有很大帮助。

（1）不断提高自身素质、能力和业绩，使自己与丈夫在思想和价值观上保持一致，有更多共同关心的事物和话题，相互信任、相互理解、相互支持，并且互相欣赏、互相尊重。

（2）自己要有健康的身体，同时关心和体贴对方，保持良好的夫妻关系。

（3）处理好家庭问题，只要不是原则性问题，就不要斤斤计较，要心胸宽阔。

（4）对待双方父母要做到公平，从自己的角度更多地关心对方的父母、兄弟姐妹。

（5）女性如果因工作忙承担不了太多家务的话，尽量请人帮助料理，减少因家务劳动产生的摩擦。

（6）在多数情况下要以事业为重，克服家庭困难，做好家庭工作。遇到特殊情况时也要兼顾家庭，比如说，家里老人有急病时，要尽量抽时间

陪老人到医院看病，否则，负面影响将是多重的，它会反过来影响到自己的情绪和工作。

（7）保持自己的独立性。家庭作为生活的港湾固然重要，但它绝对不是女性生活的全部。当前是一个充满激烈竞争的社会，没有竞争力就没有生存空间，完全依附于男性的女性不仅经济上不能独立，而且生活中会迷失自我，只能碌碌无为、平平庸庸地过一辈子。现代女性要有自己的理想和事业，虽然不是每个女人都能成为女强人，都能成就一番大事业，但幸福生活要靠夫妻二人共同创造，只要问心无愧、尽心尽力地去做事，对社会、对家庭尽责任，就是一个成功的女性。因此，我们要发扬自尊自信、自立自强的精神，努力创造美好的生活。

第七篇

幸福修炼：最想要的其实就在你身边

对于幸福，我们从未停止过追逐的脚步。然而，幸福究竟离我们有多远，有没有捷径可以让我们伸手触摸到它呢？答案是肯定的，只要有心，幸福就在我们身边：拥有健康的身体、用善良的心去生活、去交友、去感受存在于平凡生活中的点点滴滴的感动和美好。幸福，就是你能握在手里的实实在在的温暖。

Lesson19
幸福杨澜：
慈善是我的
一种生活方式

上善若水，润泽生命

2008 年，由民政部主办的"中华慈善奖"表彰了一批热心于慈善工作的个人和机构，杨澜代表"阳光文化基金会"荣获了"最具爱心慈善行为楷模"奖。这也是对杨澜长久以来为慈善事业所作贡献的一次表彰。杨澜说："这些年来，无论做记者还是做企业，我始终希望能够走一条将个人成长和社会责任相结合的道路。人生很短，精力有限，日后我会更专注于文化和公益事业。我相信，这样的选择也更适合我的个性和特长。"

人的存在，就像篓子里的螃蟹，你中有我，我中有你，纵横交错，息息相关，又相互伤害。但是，如果我们做事情之前都能多想想别人，以一颗善意的心行事，那么人与人之间的伤害就会被削减和免除，留下来更多的是关怀与真爱。

善良就如天使的翅膀，可以带来绚烂和美丽。你的善意回眸，可能就会使一颗在寒冬中挣扎的心感受到春的明媚。善良又如沙滩上的粒粒细

沙，看似平凡琐碎，却又无处不在。

一个阴云密布的午后，大雨突然间倾泻而下，一位浑身湿淋淋的老妇，走进费城百货商店。看着她狼狈的样子和简朴的衣裙，所有的售货员都对她不理不睬。只有一位年轻人热情地对她说："夫人，我能为您做点什么吗？"老妇莞尔一笑："不用了，我在这儿躲会儿雨，马上就走。"

但是，她的脸上明显露出不安的神色，因为雨水不断从她的脚边淌到门口的地毯上。正当她无所适从时，那个小伙子又走过来了，他说："夫人，您一定有点累，我给您搬一把椅子放在门口，您坐着休息一会儿吧！"两个小时后，雨过天晴，老妇人向那个年轻人道了谢，并向他要了一张名片，然后就消失在人群中。

几个月后，费城百货公司的总经理詹姆斯收到一封信，信中指名要求这位年轻人前往苏格兰，收取一份装潢材料订单，并让他负责几个家族公司下一季度办公用品的供应。詹姆斯震惊不已，匆匆一算，仅这一封信带来的利益，就相当于他们两年的利润总和。

当他以最快的速度与写信人取得联系后，方知她正是美国亿万富翁"钢铁大王"卡内基的母亲，也就是几个月前曾在费城百货商店躲雨的那位老太太。詹姆斯马上把这位叫菲利的年轻人推荐到公司董事会，当菲利收拾好行李准备去苏格兰时，他已经是这家百货公司的合伙人了。那年，菲利22岁。

不久，菲利应邀加盟卡内基的公司。随后的几年中，他以一贯的踏实和诚恳，成为"钢铁大王"卡内基的左膀右臂，并在事业上扶摇直上，成为美国钢铁业仅次于卡内基的灵魂人物。

灵魂最美的音乐是善良。如果你想要用爱或其他有价值的事物充实人生，也是同样的道理。付出和获得是一个事物的两面，如果你想得到更多的爱、乐趣、尊重、成功或其他东西，方法很简单，那就是付出。不要担心任何事情，你所付出的一切都会带着利息一起回来，善良是不求回报

的，当你做善事而心存回报的企图时，善良已然变味；但当你用一颗无私的心去付出时，你收获的将是累累的硕果。帮助他人就是帮助自己，要时刻保持一颗同情心，我们不能对身处困境的人熟视无睹，那种丧失同情心的人同时也会把自己推进冷漠的世界。

生活中，我们的确需要做一些善事来净化自己的灵魂，多为他人着想，也许表面上得不到任何回报，但是我们的心灵已经获得了丰收。

心存善念，就是菩萨

漆黑的夜晚，一个远行寻佛的苦行僧走进一个荒僻的村落中。漆黑的街道上，村民们在默默地你来我往。

苦行僧转过一条巷道，他看见有一团昏黄的灯光正从巷道的深处静静地亮过来。身旁的一位村民说："瞎子过来了。"苦行僧百思不得其解。一个双目失明的人，他没有白天和黑夜的概念，他看不到世间万物，他甚至不知道灯光是什么样子的，他挑一盏灯笼岂不可笑？

那灯笼渐渐近了，昏黄的灯光从深巷移游到了僧人的鞋上。百思不得其解的僧人问："敢问施主真的是一位盲者吗？"那挑灯的盲人告诉他："是的，自从踏进这个世界，我就一直双眼混沌。"

僧人问："既然你什么都看不见，那你为何挑一盏灯笼呢？"盲者说："现在是黑夜吧？我听说在黑夜里没有灯光的映照，那么满世界的人都和我一样是盲人，所以我就点燃了一盏灯笼。"

僧人若有所悟地说："原来你是为给别人照亮？"

那盲人却说："不，我是为自己！"

"为你自己？"僧人又愣了。

盲者缓缓问僧人说："你是否因为夜色漆黑而被其他行人撞到过？"僧人说："是的，就在刚才，还被两个人不留心地撞过。"盲人听了说：

"但我没有。虽说我是盲人，我什么也看不见，但我挑了这盏灯笼，既为别人照亮了路，也让别人看到了我自己，这样，他们就不会因为看不见撞到我了。"

苦行僧听了，顿悟，他仰天长叹说："我天涯海角奔波着找佛，没有想到佛就在我的身边啊！"

每个人都有一盏心灯。点亮属于自己的那一盏灯，既照亮了别人，又照亮了自己。善意地帮助别人，就好像一盏心灯。今天你帮助他人，给予他人方便，他人可能不会马上报答，但他会记住你的好处，也许会在你不如意时给你以回报。

有这样一个关于爱的故事，不知道你有没有听过。

在一条乡间公路上，乔依开着他那辆破汽车慢慢往前走。他工作的工厂在前不久倒闭了，他的心情很糟糕。天快黑了，还刮着寒风，下着雪。

突然，他看见前面路边有一位老妇人在冷风中发抖。

原来她的车胎爆了。

乔依让她坐进车里，然后帮她修车。为了干活方便，他摘下了破手套，两只手冻得几乎失去知觉。他喘着粗气，清水鼻涕也流了下来。他的手蹭破了，也顾不上擦流出的血。当他干完活时，两只手上沾满了油污，衣服也更脏了。

老妇人摇下车窗，满脸感激地告诉他说，她在这个偏僻的地方已经等了一个多小时了，又冷又怕，几乎完全绝望了。

老妇人一边打开钱包一边问："我该给你多少钱？"

乔依愣住了，他从没想过他应该得到回报。他以前在困难的时候也常常得到别人的帮助，所以他认为帮助有困难的人是一件天经地义的事，他也一直是这么做的。

乔依笑着对老妇人说："如果您遇上一个需要帮助的人，就给他一点帮助吧。"

老妇人开着车来到了一个小餐馆，她打算吃点东西，然后回家。店主是一位年轻的女子，她热情地送上一条雪白的毛巾，让老妇人擦干头发上的雪水。老妇人感到心里很舒服。她发现这位女店主很疲惫，更重要的是，女店主怀孕了。老妇人突然想起了乔依。

老妇人用完餐，付了钱。当女店主把找回的钱交给她时，发现她已经不在了。只见餐桌上有一个小纸包，里面装着一些钱，还有一张纸条，上面写着："在我困难的时候，有人帮助了我。现在我也想帮帮你。"女店主感动得哭了起来。

她回到家，发现丈夫不知什么时候已经倒在床上睡着了。她不忍心叫醒他。他为了找工作，已经快急疯了。她轻轻地亲吻着丈夫那粗糙的脸颊，喃喃地说："一切都会好起来的，亲爱的乔依……"

你看，世界真的很小，用爱就可以把它填满。你给别人的爱，不知道什么时候就会回到身边。生活是一面镜子，你笑脸相迎，你所见到的也是笑脸；你手捧阳光递给他人，最先感受到温暖的也是你自己。但如果你吝啬自己的温暖而不肯给别人，那么最后感到寒冷的可能就是你自己。你帮助别人，对方即使不会报答你，也不会做出对你不利的事情。如果大家都不做不利于你的事情，那不也是一种极大的帮助吗？

善良浇灌出快乐之花

快乐真是一样奇怪的东西，你到处寻找，它未必肯在你的身边停留；但在你将快乐带给别人的瞬间，它又会立刻充满你的心房。这就是善良的人常常会收获快乐的原因。

当你在街上走过，看到衣衫破烂、面黄肌瘦的流浪者坐在路边，你把自己仅有的零钱全都掏出来递到他的手上时，当你搀扶着一位行动不便的老奶奶过马路时，你能看到他们眼中闪烁的喜悦和幸福吗？那快乐是不是

眨眼的工夫就又传递到你的心里呢？你会愉快地想：这个可怜的流浪者可以用那些钱填饱肚子，那个走路颤巍巍的老奶奶可以安全地到家了。祝贺你，这时你便找到了快乐！这快乐胜过一件华美的衣服或一件精致的饰品所能带给你的惊喜，因为这快乐是你自己创造的，它会永远留在你和那个流浪者，还有老奶奶的心里，成为一份共同的美好回忆。

下面是一个守墓人亲身的经历，它告诉我们：快乐不需要探寻，若以爱待人，旋即得之。

每周，守墓人都会收到一位素不相识的妇人的来信，信中附着钞票，要他每周帮她在她儿子的墓地上放束鲜花，这样的情况持续了很多年。

有一天，一辆汽车停在公墓大门口，司机匆匆来到守墓人的小屋，说："夫人在门口的车上，她病得走不动了，请你去一下。"

守墓人来到门口，一位上了年纪的妇人坐在车上，神情哀伤，毫无光彩。她怀抱着一大束鲜花。

"我就是鲁比夫人。"她说，"这几年我每个礼拜都给你寄钱，买花给我的儿子……"

"我一次也没忘了放花，夫人。"

"今天我亲自来，"鲁比夫人说，"是因为医生说我活不了几个礼拜了。死了倒好，活着也没意思了。我只是想再看一眼我的儿子，亲手来放一些花。"

守墓人眨着眼睛，苦笑了一下，决定再讲几句："夫人，这几年您常寄钱来买花，我总觉得可惜。"

"可惜？"

"鲜花搁在那儿，几天就干了。没人闻，没人看，太可惜了！"

"你真的这么想的？"

"是的，夫人，您别见怪。我是想起自己常去的敬老院，那儿的人可爱花了，他们爱看花，爱闻花。那儿都是活人，可这墓里哪个是活着的？"

老妇人没有说话。她只是小坐了一会儿，默默地祷告了一阵，没留话

便走了。守墓人后悔自己的一番话太直率、太欠考虑，只怕她受不了。

可是几个月后，这位老妇人又忽然来访，把守墓人惊得目瞪口呆——她这回是自己开车来的。

老妇人微笑着，显得很开心："我把花送给那里的人了。他们看到花是那么高兴，这真让我感到快乐！我的病也好转了，医生都不明白怎么回事，可是我自己明白。"

鲜花是爱和美的使者，如果能用鲜花给孤独的人带去一些快乐和问候，这份美丽立刻会成为快乐的源泉。那个老妇人把对儿子的爱带给了更多活着的生命，更多人因此而生的快乐又融化了她心头的悲伤，带给她生活的希望和快乐的力量，让她的生命再次焕发出青草般的勃勃生机。

善良真是一样好东西，有时比灵丹妙药还管用呢！用善良浇灌生活，生活会像鲜花一样绽放，而你的快乐，就是那弥漫在空气中的花香。

所以，当你在苦恼没有人关心你、没人能带给你快乐和希望的时候，想想你能为自己的快乐做些什么吧，试试自己去创造快乐。如果你是一个善良的女人，你就一定知道该怎么做。

善良的女人持有幸福的通行证

在生活中，遇到困难的人，不管是你认识的还是不认识的，你都有义务伸出援助之手。只要还有能力帮助别人，就没有权利袖手旁观。休谟说："人类生活的最幸福的心灵气质是品德善良。"一个心地善良的人，必是一个心灵丰足的人，同时，善良的举动也会带给他人内心的感动和震撼。每个女人都应该在心中播种善良的种子，日后才能绽放出绚烂的花朵。善良即是历史中稀有的珍珠，善良的人几乎优于伟大的人。

多一份付出，就像一盏大灯一样照亮你自己，并使你更深层次地感悟人生。多份付出，能够使你确信你正在做正确而有益的事情，它使你更能

对自己的良知负责并且给你信心。多份付出，能够使你确信你正在做正确而有益的事情，它使你更能对自己的良知负责并且给你信心。多份付出，还在于它能使你强化自己的能力，并且追求更高质量的生活。因为，此时你拥有最佳的心态，并借着有规律的自律行动，愈来愈了解多付出一点点的整个过程和意义。

每个人都应该在心中播种善良的种子：一个爱的字眼，有时能把人从痛苦的深渊中拯救出来，并且带给他们希望；一个微笑，有时能让人相信他还有活着的理由；一个关怀的举动，甚至可以救人一命……你应该知道，善良是一个女人的魅力和武器。众所周知，善良可以让一个女人获得别人无可替代的信任、无怨无求的帮助、暖人心扉的理解和同情。在过去，善良的女人并不意味着会有好的结局，因为她们不知道如何保护自己，所以，善良往往意味着要被恶人欺负。可是现在，作为一个有魅力的女人，你对自己的各种要求里面，最首要的一条就是善良。

虽然男人喜欢的女人千差万别，但是善良是最基本的品质。没有一个人会喜欢凶恶狠毒的"母夜叉"，让自己陷入万劫不复的深渊。女人有了善良才不会迷失方向，心胸才能宽阔，目光才会高远，才能够获得更多的信赖和人气。这种内在的气质修养比化妆品更能滋润你，让你的魅力光彩绽放一生。

有这样一个美丽的故事：

一个冬天的晚上，詹姆斯的妻子不慎把皮包丢在了一家医院里。詹姆斯焦急万分，连夜去找，因为皮包内装着 10 万美元和一份十分机密的市场信息。当詹姆斯赶到那家医院时，他一眼就注意到，一个冻得瑟瑟发抖的瘦弱女孩靠着墙根蹲在走廊里，在她怀中紧紧抱着的正是妻子丢失的那个皮包。

这个叫尤兰达的女孩，是来这家医院陪妈妈治病的。她们的钱已经用完了，这笔钱正好可解燃眉之急，但母女两人还是决定还给失主。于是小

女孩就在走廊里等着了。

詹姆斯感激不已，提供了她们急需的帮助，并在尤兰达的母亲死后，主动收养了尤兰达。此后，尤兰达读完了大学，并协助詹姆斯料理商务。虽然詹姆斯一直没给她任何实际职务，但是，富商的智慧和经验潜移默化地影响着她。她在长期的历练中，成了一个精明成熟的商业人才。詹姆斯到晚年时，很多商业决策都要征求尤兰达的意见。

詹姆斯临终之际，留下这样一份遗嘱："在我认识尤兰达母女之前我就已经很有钱了。可是，当我站在贫病交加却拾金不昧的母女面前时，我发现她们最富有。因为她们恪守着至高无上的人生准则，这正是我作为商人最缺少的。是她们让我领悟到了人生最大的资本是品行。我收养尤兰达既不是知恩图报，也不是出于同情，而是请了一个做人的楷模。有她在我的身边，生意场上我会时刻铭记，哪些该做、哪些不该做，什么钱该赚、什么钱不该赚。这就是我后来事业发达的根本原因。我死后，我的亿万资产全部留给尤兰达。这不是馈赠，而是为了我的事业能更加兴旺。我深信，我聪明的儿子能够理解我的良苦用心。"

詹姆斯从国外回来的儿子，仔细看过父亲的遗嘱后，毫不犹豫地在财产继承协议书上签了字："我同意尤兰达继承父亲的全部资产，只请求尤兰达做我的夫人。"尤兰达看完富翁儿子的签字，略一沉吟，也提笔签了字："我接受先辈留下的全部财产——包括他的儿子。"

善良，是一种温馨的力量，它总是很容易聚集人气，使你成为最受欢迎的人。一个人，除非有助于他人，除非充满了爱心，除非养成善意待人的习惯，对人人抱着亲爱友善的态度，并从中得到喜悦与快乐，否则他就称不上成功，更称不上幸福。

健康是金，更胜于金

杨澜是个精彩的女人，也是一个身心健康的女人。她希望天下女人都学会珍爱自己的心灵和健康，她说："女人要学会调节自己的心态，以及好好地保护自己的身体。身体是最重要的，相信每个人都知道，但是真的做起来时，并不是一件简单的事情。千万不要为了这样或那样的理由不照顾自己的身体健康，不管明天有多么美好，如果你总是以一副生病的姿态去迎接它，那也不会感觉到它的美好。"

毫无疑问，杨澜每天的工作是非常忙碌的，但智慧的杨澜在忙碌中也不会忽视自己的健康，因为她明白健康是人生的第一财富，也是每个女人幸福一生的资本。无论是工作，还是在国外留学，杨澜每天都会抽出时间去运动。后来，杨澜又爱上了时尚的健身方式——瑜伽，每周都固定时间去做。也正因为如此，繁忙的工作并没有给杨澜带来很大的压力，她依旧每天神采奕奕。

人生就是一个人生命的全过程，它包含着一个人的全部精神生活和物质生活。人生充满着矛盾，如生与死、得与失、福与祸、苦与乐、贫与富、顺与逆、真善美与假恶丑等。没有矛盾就没有世界，没有矛盾就没有人生。每一个人都是一部历史、一个图书馆。写好历史，充实图书馆的第一笔财富是自己拥有健康。没有健康，一切都是空白的，都是难言而痛苦的。因为健康不仅属于个人，也属于家庭、社会，是人类创造财富的基本生产力。每个人都以自己的智慧和经验筑成了社会的生命线，只有树立正确的人生观、价值观、健康观和生死观，才能在健康、快乐、和谐中长寿，也才能拥有真正的财富。

人们不管是什么样的知识水平，也不管工作在什么领域，更不论在什么年龄阶段，都按照各自的理解追寻着健康，希望自己能够获得健康，甚至希望永远健康。可见健康是一个多么美好的境况，它是每个人都想追求的目标，也是全人类共同的理想。

1953年世界卫生组织提出"健康是金"的口号，希望人们要像对待金子一样珍爱生命。但金子可以"千金散尽还复来"，健康却"一江春水向东流"。要知道，生命与健康是"奔流到海不复回"的。细想起来，健康比金子还要珍贵，因为健康很难再生或不可再生，一旦失去，再先进的高科技都无法使受损的机体恢复到原来的状态，就像一张白纸，揉过之后再也不可能恢复到原先的平整一样。很多人对健康的本质认识不够，人工的东西再好也不能超过自然给予的东西。

IBM公司的前总裁托马斯·沃森，原来患有心脏病，有一次发病，必须马上住院治疗。

"我怎么会有时间呢？"沃森一听说医生建议他住院，立刻焦躁地回答，"IBM可不是一家小公司呀！每天有多少事情等着我去裁决，没有我的话……"

"我们出去走走吧！"这位医生没有和他多说，亲自开车邀他出去逛逛。不久，他们就来到近郊的一处墓地。

"你我总有一天要永远躺在这儿的。"医生指着一个个坟墓说，"没有了你，你目前的工作还是会有别人接着来做。你死后，公司仍然会照常运作，不会就此关门大吉。"

沃森听后沉默不语。

第二天，这位在美国商场上叱咤风云的总裁就向 IBM 的董事会递上辞呈，并住院接受治疗，出院后又过着云游四海的生活。IBM 并没因此而倒下，至今依然是举世闻名的大公司。

生命中最重要的奖赏是健康。人并不是必须具有很大的块头和威武的外表，但应该具有旺盛的生命力和巨大的精神力量。这种力量体现在拿破仑 24 小时不离马鞍的精神中，体现在富兰克林 70 岁高龄还露营野外的执著中，体现在格莱斯顿以 84 岁的高龄还能紧握船舵，每天行走数千米，到了 85 岁时还能砍倒大树的状态中……正是这种力量成就了生命中最重要的东西。

充沛的体力和精力是成就伟大事业的先决条件，这是一条铁的法则。虚弱、无力、没精打采、犹豫不决、优柔寡断的年轻人，虽有可能过上一种令人羡慕的高雅生活，但是他很难往上爬，不会成为一个领导者。米开朗琪罗的伟大绘画作品，无论是描绘天堂还是地狱，无一不体现强大的身体力量，这就是意大利人对身体力量的热爱与崇拜的体现。

身体和精神是息息相关的。一个有一分天赋的身强体壮者所取得的成就，可以超过一个有十分天赋的体弱者。对女人来说，只有健康才是美，女人的美丽是灵性加弹性的，拥有活生生肉体的健康女人，才会成为社会生活中最美的风景，才有资本去享受生活赐予的幸福。

科学饮食：健康的第一要义

杨澜在谈到健康时，曾针对二十几岁的女孩子说道："二十几岁的女孩在饮食方面应该开始注意了，建议多看一些关于饮食方面的书。任何一个女孩，千万不要为了这样或那样的理由不照顾自己的身体健康，不管明天有多么美好，如果你总是以一副生病的姿态去迎接它，那也不会感觉到它的美好。"

追求高品质的生活，是女性的生活信条。饮食，是生活的重要组成部分，食物是人体健康的基石，要想保持健康的身体，你必须从饮食着手。

有不少营养学家认为，正确的饮食、合理的休息、愉快的笑声，是世界上最好的三位医生。饮食是健康的关键，是保持健康的第一秘诀。

宋美龄女士，逝世于 2003 年 10 月 23 日，享年 106 岁。宋氏家族是高癌家族，宋美龄本人也因为乳腺癌做过两次手术，晚年还因卵巢囊肿在美国再次做手术。虽然因为早期发现肿瘤，手术及时，所以疗效非常好，但这与营养合理的膳食结构有很大关系。

宋美龄的饮食多以清淡为主。早餐是一杯牛奶、两片吐司、一点黄油，外加一碟盐水浸过的芹菜之类的蔬菜。午餐为一盘生菜沙拉、半碗米饭，也有少量的汤。晚餐仍为半碗米饭，两荤两素。

宋美龄几乎每天都会用磅秤量自己的体重，只要发觉自己的体重稍微重了些，她的菜单马上随之更改，立刻改吃一些青菜沙拉，不吃任何荤物。假如体重恢复到她的标准以下的话，她有时会吃一块牛排。

在食谱方面，宋美龄讲求的是精致，所以，在宋美龄的厨房里没有过多的食物，都是按少量、新鲜原则配置的食物。即便是这样，宋美龄为了保持苗条的身材，仍旧吃得很少。因为饮食控制得很好，热量比较平衡，

所以她的体重就保持在合理的状态。她的代谢指数不是很高，这样动脉硬化的程度相对来说就小得多，重要器官如心、脑、肾的功能得以被保护，血管系统因年龄受损程度低，胰腺分泌胰岛素的功能包括内分泌功能都是良性运转状态。

宋美龄的养生是比较成功的，她活了 106 岁就是最好的证明。

从宋美龄的养生之道中，我们可以看出，要想保持健康的身体，养成良好的饮食习惯是很重要的。

女性由于生理上的变化，对饮食应有自己的特殊要求。有人将有助于女性健康的饮食原则归纳为以下八点：

（1）数量少一点。暴饮暴食对健康有很大危害，无节制地饮食会造成多种疾病，所以，女性进食应以七分饱为宜。

（2）质量好一点。应满足蛋白质特别是优质蛋白质的供应。优质蛋白质以鱼类、禽类、蛋类、牛奶、大豆为佳。

（3）蔬菜多一点。多吃蔬菜对保护心血管和防癌很有好处，每天都应吃不少于 250 克的蔬菜。

（4）菜要淡一点。盐吃多了会加重心、肾负担，每日的食盐量应控制在 6 克以下，同时要少吃酱肉和其他咸食。

（5）品种杂一点。要荤素兼顾，粗细搭配，品种越杂越好。每天主副食品不应少于 10 样。

（6）吃得慢一点。细嚼慢咽可使食物消化得更好，吃得更香，易产生饱胀感，防止吃得过多。

（7）早餐好一点。早餐应占全天总热量的 30% ～ 40%，质量及营养价值要高一些、精一点，便于提供充足的能量。

（8）晚餐早一点。"饱食即卧，乃生百病"，所以晚餐不仅要少吃点，还要早点吃。饭后宜稍活动，以利于促进饮食消化。

不会休息的人同样不会工作

一刻不停地忙碌只会透支生命，降低做事的效率。要减少生活中的压力，我们就要学会休息，以便储备更多的体力和精力来应对下一步的挑战。杨澜每天虽然有大量的工作要做，但出现在镜头前的她总是神采奕奕，这主要得益于合理的休息。因为杨澜一直坚信：不会休息的人就不会工作。因此，无论多忙，杨澜都会给自己找到休息的时间，这也是她能高效完成工作的前提。

数年前，美国 IMG 公司聘用了一位精力充沛的女业务员，负责在高尔夫球场及网球场上的新人中发掘明日之星。美国西岸有位网球选手深得她的赏识，她决定招揽对方加盟 IMG 公司。从此，纵使每天在纽约的办公室忙上 12 小时，她依然不忘时时打电话到加州，关心这个选手受训的情形。他到欧洲比赛时，她也会趁着出差之际抽空去探望探望，为他打理打理。有好几次，她居然连续三天未合眼地忙着飞来飞去，追踪这个选手的进步状况。

可悲的事终于在法国公开赛上发生了。照原定日程，这位女业务代表不必出席这项比赛，但是她说服主管，为了维持与那位年轻选手的关系，她要求到场。主管勉强应允，但要求她得在出发前把一些紧急公务处理完毕，结果她又几个晚上没合眼。

最后，她终于乘上了飞往巴黎的飞机。抵达巴黎当天，在一个为选手、新闻界与特别来宾举行的宴会上，她时时为那位美国选手引见一些要人。当时，瑞典名将柏格独领风骚，他刚好又是 IMG 公司的客户，也是那位年轻选手的偶像，于是，她介绍他俩认识，然而，令人难堪的事发生了。

柏格正在房间与一些欧洲体育记者闲聊，她与年轻选手迎上前去。对方望向这边时，她说："柏格，容我介绍这位……"天哪！她居然忘了自

己最得意的这位球员的姓名！她实在精疲力竭了，过度疲劳使她大脑刹那间一片空白。时差及重大赛事的压力使这位非常积极能干的女士到最后大脑空空。好在柏格有风度，尽力设法打圆场，解决了尴尬局面，可是这位年轻选手面红耳赤，心中更是难过得不得了，从此他再也不相信 IMG 的业务代表是真心对他了。

可悲的是，她一片苦心，却由于疲劳过度这种单纯的因素而造成无可挽回的失误。她发掘的这位选手后来果真进入世界前十名，但却不再是 IMG 公司的客户了。

休息是工作的一部分。休息就是修补，只有保证了身体的健康，才能保证工作的效率与质量。现在，都市生活的高压与紧张让很多人的身体都处于亚健康状态。这其中的很多人有一种错误的观念，就是认为等有了病再去医院治疗。其实很多的疾病在早期是很难被发现的，有些疾病一旦发病就无法治愈了，比如脑血栓、肾脏疾病、肝脏疾病、糖尿病、肿瘤、癌症等。当生命受到威胁时，花钱就不会心痛，因为这时候我们才会发现我们已经没有资格与自己的健康讨价还价了。很多人终其一生都是在给医院打工，透支自己的健康来换取金钱、权力，前半生拿命换钱，后半生拿钱换命。

幸福女人与亚健康说再见

许多职业女性总是感到"很累，也不想工作，看到办公桌和电脑就开始烦"，"浑身无力、思想涣散、头痛、眼睛疲劳"，"整个白天都容易疲倦，想睡觉，上了床却经常睡不着"，还有的人一年到头感冒不断，鼻塞眩晕。更多的人在起立时眼前发黑、耳鸣、咽喉有异物感、胸闷不适、颈肩僵硬、便秘、心悸气短、容易晕车，到医院查来查去，医生也说不出所以然来，因为各种指标都在正常范围内。医生说没有病，可身体确实不舒

服，医院跑了不少，保健品也没少吃，可是症状依旧。

其实她们未必生病了，只是由于种种原因处于亚健康状态。白领族是重要的亚健康群体。中华医学会曾对 33 个城市、33 万各阶层人士做了一次随机调查，结论是：我国亚健康人数约占全国人口的 70%，其中沿海城市高于内地城市，脑力劳动者高于体力劳动者，中年人高于青年人。高级知识分子、企业管理者的亚健康发生率高达 70% 以上。以往是 35 岁的白领占多数，现在许多 35 岁以下的年轻人也出现了不同程度的亚健康症状。

亚健康状态的形成与很多因素有关，比如遗传基因的影响、环境的污染、紧张的生活节奏、心理承受的压力过大、不良的生活习惯、工作过度疲劳等。

随着亚健康状态逐渐成为大众关注的焦点，各种营养品和药品也应运而生。然而目前营养缺乏已不是主要问题，盲目补充只会引起营养过剩及各种代谢性疾病的发生；药物虽有治疗作用，但从药物在体内代谢的全过程看，都有不同程度的毒副作用，长期使用可引起某些器官的损伤。可见，摆脱亚健康状态最主要的还是要靠自己积极主动地采取措施，阻断和延缓亚健康状态。以下的方法大家不妨试试：

1. 均衡营养

脂肪类食物会增加体内的疲劳感，不可多食，但也不可不食，因为脂类营养是大脑运转所必需的，缺乏脂类将影响思维，因此应适量食用。

维生素要广泛摄入，当人处于亚健康状态时，体内自由基会加速衰老，维生素 A 能促进糖蛋白的合成，细胞膜表面的蛋白主要是糖蛋白，免疫球蛋白也是糖蛋白。维生素 A 摄入不足，呼吸道上皮细胞缺乏抵抗力，常常容易患病。维生素 C 可以起到很好的抗氧化作用，抗击自由基。

此外，微量元素锌、硒、维生素 B_1、B_2 等多种元素都与人体非特异性免疫功能有关。日常还应多补充钙质，钙不仅可以安神，还具有稳定情绪的作用。

2. 增加运动

加强运动，可以提高人体对疾病的抵抗能力，还是放松心情的良药。可以制订一个锻炼计划，通过慢跑、骑车、打球等方式，释放情绪，减少自由基的侵害。

3. 少烟少酒

吸烟时人体血管容易发生痉挛，局部器官血液供应减少，营养素和氧气供给减少，尤其是呼吸道黏膜得不到氧气和养料供给，抗病能力也就随之下降。喝少量的酒有益健康，但嗜酒、醉酒、酗酒会削减人体免疫功能，必须严格限制。

4. 保证睡眠

睡眠应占人类生活 1/3 的时间，它是帮你和亚健康说再见的重要途径。

5. 把心放宽

人难免有很多烦恼，而且还必须应付各种挑战，最重要的是通过心理调节，维持心理平衡。

6. 劳逸结合，张弛有度

不能让身心一直处于高强度、快节奏的生活中，每周远离喧嚣的都市一次。郊外空气中，氧离子浓度较高，能调节神经系统。适度劳逸是健康之母，人体生物钟正常运转是健康的保证，而生物钟"错点"就是亚健康的开始。

选择适合自己的运动并坚持下去

生命在于运动。要拥有健康，就要从享受运动开始。运动不仅能增强体质，提高健康水平，发挥体力和智力的潜力，为健康心理打下良好的物质基础，还可以培养成功者所必备的拼搏精神、竞争精神、协作精神，以及勇敢、坚忍、果断、敏捷等许多优良素质。体育锻炼能健全心血管系统，增强呼吸功能，加强消化系统功能，改善神经系统的均衡性和灵活

性，还能促进人体生长，提高人体的抗病能力。

同时，运动能增强人体对外界环境的适应能力。运动能使身心产生愉快感。缺乏体育锻炼，会使人产生多虑和抑郁的心理，对生活缺乏兴趣，睡眠不彻底，无精打采，工作、学习效率低，缺少自信心，面对意外情况和社会压力时应变能力差，常常摆脱不了心理挫折和失败的阴影等，这些都是身心不健康的具体表现，应通过加强体育锻炼去改变。

因此，每个人都必须参加运动。正如杨澜选择了瑜伽一样，我们也要选择一样适合自己的运动并坚持下去。纵观古今中外的文人名士大多都与运动有着不解之缘。

大文豪列夫·托尔斯泰，从青年时代起就酷爱体育，骑马、狩猎、滑雪、体操等。写作空隙时，就放下笔来到健身房做 10 ～ 20 分钟的器械体操。他经常为前来拜访自己的客人做双杠表演，其娴熟和惊险的动作常让来访者赞不绝口。

毛泽东在新中国成立后，日理万机。偶有闲暇，他便会去游泳、打乒乓球、下围棋、跳舞，这些都是他恢复体力和脑力的方式。他还掌握了一套腹式深呼吸锻炼法，或坐或卧，均可进行。他还创编了一套室内健身运动操，从不间断练习。毛泽东喜欢快步行走，他常常把社会调查与放松身心、锻炼身体结合起来进行。在外视察之余，还常常爬山锻炼。

美国前总统小布什喜欢在健身房利用健身器材及跑步机强身，他的重量训练还包括坐姿推举、扩胸与扩背运动。因工作繁忙，小布什经常利用一切可以利用的空闲时间跑步。曾经在访问墨西哥途中，他在"空军一号"会议室里的一台跑步机上跑了起来。在总统套房里，在戴维营的林间小道上，在白宫顶楼的健身房内，都有他跑步的身影。迄今为止，他跑步的最好成绩是 6 分 45 秒跑完 1 英里（1.6 公里）。

哈佛大学研究发现，运动 1 小时，可以延长 2 小时的健康寿命，每天只要累积 5 000 步以上的快走，就能帮你减重缩腰造健康。据哈佛大学的

研究，预防疾病与维持健康的体能活动量与强度，并不要求很激烈，只要利用零散时间活动，累积适当的体能活动量即可。

我们根据自己的年龄来选择不同的运动以及运动强度，就能达到健身的目的。过度运动反而有损健康。下面的运动处方可供你参考：

1. 最大心率

用 220 减去你的年龄，就是你运动时所允许的最大心率值。如果你今年 35 岁，最大的运动心率就是 185 次 / 分钟，一般在运动时要求心率控制在最大心率的 60% ～ 80%。

2. 有氧运动

游泳、骑自行车、跑步、跳舞、爬山、爬楼梯、跳绳、打篮球、踢足球、打网球、打乒乓球等，这些活动对心肺功能、心血管系统以及神经系统都有很强的锻炼效果。

3. 力量训练

可以在家里做俯卧撑，也可以到健身房进行器械练习，对身体的肌肉和骨骼有很好的作用，有条件的话最好在健身教练的指导下健身。

4. 伸展运动

伸展运动是指练习关节、韧带的柔韧性，比如练瑜伽、体操等，一般比较适合女性。

5. 能量掌握

一次持续半小时中强度的有氧运动，消耗能量约 150 ～ 300 卡，同等强度的举重训练耗能只有 100 卡。每个人每周的体育锻炼要消耗能量800 ～ 1500 卡才能起到锻炼作用。

6. 步行

步行是最简便的运动方式，建议根据自己体能的状态，以每分钟100 ～ 120 步左右的速度来步行。

会花钱，比会赚钱更重要

杨澜曾结合自己的切身经历告诉年轻的女孩们："女孩到了二十几岁，就要开始学会理财了，不要以为自己无法成为富翁，就花钱大手大脚的；也不要认为明天有挣不完的钱，就把今天的钱花在不应该花的地方。现在市场上有很多关于理财方面的书，都是不错的，女孩子们有时间可以看一下。要养成理财的好习惯，用钱生钱，可以多看些投资经营方面的书籍，它们都是无形的财富。女孩们，不管现在你的收入有多少，都要为你的明天打算，聪明的女人应该知道如何花钱，这其实也是一门艺术。"

杨澜举了这样一个例子："玛丽的老公是一个很有钱的男人，她有次跟我说她的老公，'我老公有的时候宁愿花很多钱去买一样东西，却在花小钱的时候计较。'我当时听完也不懂，后来想想才明白，她老公之所以有钱就是因为他知道如何去花钱，把钱花在实用的东西上，不管是多么的贵都可以不眨下眼睛，而生活中有些可有可无的花费能省就省了。有些有

钱人在生活中也会表现出吝啬，这就是他们一直以来的习惯，不然，他们是不会成为有钱人的。"

从杨澜的话中我们可以得知：会花钱，比会赚钱更重要。

女性消费的观念是很矛盾的，有时精打细算，一分一毫都计较；有时却因一时冲动而买下不少无用的东西。那么到底如何做一个精明消费的女性，既可满足购物的需要，又不至于花费过度呢？

陈蓝一家在别人眼中是令人羡慕的高收入家庭，她在一家公司担任会计，丈夫是外资企业的部门主管，夫妻月收入高达 2 万元，有一个 5 岁的宝贝儿子。可一直以来，陈蓝却为每个月接近 15 000 元的高支出发愁："虽然拿着高工资却几乎没有存款，更不用说什么投资了。都说我们是中产阶级，可是我们自己一天也没感觉到已过上了中产水准的幸福生活。每月都需要按时归还银行贷款，为了社交活动还得购买品牌服装。为了攒钱，一天到晚累死累活，开心享受的时候很少。我不知道多少钱可以让我们生活得舒适。"

应该说，陈蓝一家的情况并不是个别现象，很多都市人面临着这样的问题：房子需要更大的，衣服需要更贵的，汽车需要更豪华的……懂得充分享受生活的现代人，超支的恐慌却始终伴随着他们。虽然收入一流，存款却不见增加，日子过得捉襟见肘。

陈蓝一家的最大问题就是不会花钱。追求生活质量当然没有错，但是并不是高消费就能带来高质量的生活。

其实，想成为富有的人，除了会赚钱外，还要善于理财。当一个家庭收入稳定的时候，合理安排开支显得尤为重要。获得剩余资金的办法不在于"开源"而在于"节流"。只有通过"节流"，才能保证家庭有适当的资金进行投资规划，进而达到"开源"的目的。

陈蓝一家属于高收入人群，本应该达到"享受"和"富有"二者合一的境界，但事实并非如此，问题的关键在于她缺乏合理的理财规划，从而

影响了积累财富的速度。

如果她学会制订严格而合理的财务规划，合理控制开支，就能在不影响现有生活品质的前提下省下大笔的钱了。

女人就是这样，总觉得自己的衣柜永远少一件衣服，今天买了一条裤子，又缺一件相配的衬衫。每月在装束上花费不少，喂饱了各大时装店或百货公司的专柜，却饿了自己的钱包。一个月辛苦赚回来的钱，全都用在消费上，结果存不下钱，无形中成为自己的困扰。事实上，很多时候，会花钱比会赚钱更重要。要学会理财，首先要学会花钱。理智消费需要注意以下几点：

1. 列出清单

当女性到超级市场或是百货公司购物时，看到感兴趣的东西，都会不知不觉地放在购物篮内，而真正需要买的，可能只是其中的一两件物品。所以解决的方法便是列出购物清单，不但可以避免漏买了东西，又可避免买了无用的东西。

2. 减价才出手

这个也无须详述，因为很多女性都有减价时才购物的习惯。精明的消费者在这期间购物可以省下不少钱。

3. 相熟的购物地点

日常用品可到一些平价店购买，通常这些地方都以批发价出售物品；经常光顾某几间商铺，与老板混熟，日后购物可能有额外的折扣。

4. 大胆讲价

很多女性都对讲价十分抗拒，视其为"老土"的举动，事实上，不要放过讲价的机会，因为往往可以省下不少钱。

5. 利用商家宣传单

这是一种商家利用报纸单张内的广告刺激消费的方法。单张内通常有折扣印花，拿这些印花去购物，是一种节省开销的好办法。

6. 善用信用卡

现在，每人都有一张或一张以上的信用卡，善用信用卡可延迟付款的时间，让消费者在周转上更灵活。很多信用卡都有储分的功能，储满一个数量的分数可换取礼品，这些优惠应该利用起来。

7. 分期付款消费

在购买大量物品时，不妨考虑分期付款。普遍的分期付款都是免息或是超低息的。它的好处是不需要一次拿一大笔钱出来，但又可立即得到自己想要的东西。

8. 不要强行追赶潮流

刚上市的产品，价格通常都会很高，因此若过度地追随潮流，只会苦了自己的钱包。

从收入的角度来说，理财就是指管理好自己的资金使其保值、增值，从而满足家庭更多的消费需求。从消费的角度来讲，理财就是用一定数量的金钱获得自身更大需求的满足，在消费实现的过程中节省下来的钱就相当于是自己赚的钱。所以，女性若想既要满足购物的需求，又不至于花费过度，就要学会精明消费。

投资，让钱"动"起来

女孩到了二十几岁，就要"有着理财的动机，学习投资经营"，这是杨澜告诉年轻女孩子的话。事实上，不论处于哪个年龄阶段，掌握理财观念，学会投资经营都应该是每个女人的必备课程。

许多女性想把手中的闲钱拿去做投资，但不知如何是好。其实，投资很简单。在决定投资之前，先找出相关的可供选择的投资方式，配合可靠的财务专家，也可与其他人讨论投资规划。此外，阅读书刊报纸上的财务资讯也是很重要的。

现如今的女性在生活中面临越来越多的挑战，对金融知识的需求也越来越大，要如何投资理财以及获得经济上的独立，是每个女性朋友都应该重视的问题。在进行投资之前，你先要考虑以下所列出的自身条件及投资目的。

1. 年龄及家庭负担

年纪较轻又没有家庭负担的女性，可选择高风险的投资方式，例如期货或股票。年纪较长或家庭负担较重的女性，选择较稳健的工具投资比较适合，做蓝筹股投资会是一个不错的选择。

2. 投资目的

假如投资目的是为将来退休做准备，或是为子女教育作资金筹备的话，选择稳健而风险低的工具作长期投资会比较理想。如只作短期投资，希望短期获利，你可以考虑一些高风险、回报大的投资工具。

3. 个人时间

如果你能抽出闲暇时间关注市场动态，可以试一试高风险的投资工具。相反，如果你没有太多的空闲时间，不能紧跟市场，就选择一些长期稳健、跌幅不大的投资工具，比如基金，有专业人员打理，但手续费较高。

4. 投资时间

若你打算作长期（约两年以上）投资，可选择风险低、变现能力也相对较低的工具，例如购买楼房。但若你只想作两年以下的投资，采用稳健、变现能力较高的组合，那么债券、蓝筹股较为适合。

5. 工作性质

工作较自由及外出频繁的女性，可以灵活地控制自己的工作、生活规律和时间，能紧跟市场；从事与投资市场买卖相关工作的女性能够时刻留意市场动态，所以可以试一试高风险的工具，如股票、期货等。

6. 收入稳定性

每月有固定收入进行投资的女性，可选择每月供款形式的基金、储蓄或外币。如果你有一笔钱进行集中投资的话，由于大部分投资工具的"入

场费"（基本投资额）在万元以上，所以有多种投资工具可供选择。

在明确自身的因素后，女性朋友们就应搞清楚自己的需求，再去市场上寻找一种适合自己的投资方式。下面先让我们看看李梦是怎样投资的吧。

30岁的李梦，可算是众多白领女性中的投资高手了。她结婚已有三年，有一个宝贝儿子。所以，对于她来说，其理财的观念就要务实得多。作为一个化工厂的行政主管，她每月的收入有三千多元。对于自己的收入，她制订了详细的理财计划，这其中，也离不开一些理财咨询中心对她的帮助。现在，她的投资领域相当广泛，股票、债券都有涉足。

两年前，她看到办公室里有几位同事炒股赚了钱，于是按捺不住，也拿出1万元去证券公司开了户。那时候，她看到浙江中汇的价格不高，只9元多，于是就买了1 000股。想不到的是，从这之后，该股的价格一路上扬，最终她获得了近三倍的赢利。她尝到了钱生钱的甜头，以后就一发不可收拾了。现在，每天回到家，料理完家务，她都要研究一下自己制作的现金流量账户，以确定下一步的投资策略。她还适时地通过书籍、报纸补充投资理财的知识。功夫不负有心人，她的资产也在不断地增长着。她的理财观念就是："理财，就是要为将来做准备，以后孩子上学以及买房子等，都要大笔地花钱。所以，趁着现在年轻、收入高，应该早早地做好理财计划，以后就不会有后顾之忧了。"

你是不是希望成为像李梦一样的投资理财高手呢？一起来看看理财专家为我们设计的大众化的投资搭配方式吧：

1. 储蓄35%

从流动性来说，活期储蓄最佳。随着ATM和POS机的大量出现，活期储蓄存折＋借记卡的形式使用起来非常方便。

储蓄收益虽然大幅减少，但作为保本收益，普通家庭仍可以选择。目前，储蓄种类很多，可根据自己的用钱结构进行储蓄投资：

(1) 随时想用的钱可以存成活期。

(2) 如果有固定收入，特别是工薪阶层，除生活费外，可以把钱存成零存整取。

(3) 如有大笔的钱，且暂时不用，可以存本取息，这种储蓄特别适合老年女性。

(4) 对于开支无计划但有固定收入的女性，可以选择定活两便。

(5) 对于有计划目标的家庭应选择三月、半年、一年、二年、三年、五年定期储蓄。

2. 国债 30%

由于免征利息税等优惠措施，目前国债的收益率比定期储蓄要高，国债的兑现也不难，只需到银行储蓄网点办理提前支取即可。凭证式国债有一个缺点，就是不到半年提前支取不计息。国债超过半年后，如果提前支取，不像储蓄一样按活期计算利息，而是按各个档次分段计算利息，但是国债提前支取要收取一定的手续费。

3. 集邮、币市 10%

纪念邮票开始全部实行预订，即纪念邮票不再向社会公开零售。为此邮票市场一定还会呈现出良好势头，但邮市行情起落幅度相当大。

从禁止非法买卖人民币的规定出台后，币市价格一落千丈，但有跌便有涨，币市也有一定的回升潜力。

4. 保险 10%

投保未出"险情"时如同储蓄，出了"险情"受益匪浅。虽说保险好处多，但现在它仍不能完全与银行储蓄相比。储蓄可以随时支取，保险则是在保值增值的同时，在发生意外事故后才能给予赔偿。保险不能不保，也不能过量。

5. 股票 5%

股票的流动性很好，基本上可以随时兑现。从收益性来说，股票总体

而言收益率较高。但股票市场风云变幻，起伏不定，风险也很大。可以以长期投资的心态少量购买，即使套牢，也不会损失太大。

6. 其他 10%

投资品种还有很多，如古董、书画艺术品等，但都有各自的优点与缺点，可以根据自己的爱好，选择自己投资的侧重点。在条件不具备的情况下不要过分勉强。

要想使资产结构合理，还必须使所投资商品的持有时间和目标的完成期限相契合，绝不要以短期的投资工具（如短期债券）来完成长期的理财目标（如养老），也不要以长期的投资工具（如保险）来完成短期的目标（如购买电器）。

财富是累积所得，现代女性应在成功和失败的投资经历中不断总结经验和教训，理智投资，这样，财富一定会多起来的。

学学理财的小技巧

关于理财，概括起来就是开源节流，如何少花钱多赚钱。很多现代女性都会因不由自主地陷入"月光一族"而烦恼。其实，只要懂得一些平时被你忽略的理财小技巧，并充分掌握，你一定会在理财上跨出很大的一步。

1. 强迫自己储蓄

单身"月光族"都是"一人吃饱全家不饿"，因此养成了有多少就花多少的习惯，即使工作多年，仍然还是零储蓄。从今天开始，选择从户头中每月强迫扣款的方式来存钱，是日后生活有所保障的好方法。

2. 把零钱存下来

进餐、出行、购物、置衣，一天下来，你会发现钱包里多了许多零钱，不妨将其悉数取出，专门置放一处，日日如此，一月、一季或半年上

银行换成整钱结算一次。此时原本平常不善存钱的你，会惊喜地发现：每日存放的、无足轻重的零钱已汇聚成了一笔可观的款项。

3. 把花销登记入账

记账是女性理财的通用办法，装个家庭理财软件可以让记账变得非常轻松。你只需把自己的花销分门别类地登记上去，将余额与自己实际所剩下的现金进行核对即可。坚持去做，会对自己的花销了如指掌，如果家中没有电脑，在笔记本上记录也可以。

4. 在打折时抢购名牌

女人爱名牌，这本无可厚非，但疯狂购买名牌的结果，往往是陷入入不敷出的窘境。因此面对名牌的诱惑，一定要学会忍，要将有限的财力用在刀刃上。在打折期购入名牌产品，不仅可以得偿所愿，而且可以省下不少钱。

5. 用现金代替信用卡

用信用卡消费总有一种不是花自己钱的感觉，不知不觉就会超支。在逛商场之前花点时间到柜员机上取现金，这样即使手里的钱全部花光，心里也清楚自己到底花了多少钱，还可以有效控制自己的购买欲。

6. 用运动来代替"血拼"

工作压力大，心情不好时，女人常会用逛街"血拼"来发泄情绪。不妨试着找些不需花太多钱的方式来替代"血拼"，如跑步、打球、爬山等，以此作为减压与调节情绪的方法。

7. 带丈夫一起去购物

在折扣旺季，不妨拉丈夫做你的"购物顾问"，男人更容易在大甩卖面前保持清醒。当你买得太多时，他可以给你"踩刹车"。

8. 带上所有的打折卡

外出消费时，尽可能随身带着所有消费场所的优惠打折卡。一个月下来，光省下来的折扣费，就是一笔可观的数目。

9.购买医疗保险

为提高保障水平，进一步分散家庭财务风险，可以考虑购买一些定额给付型的医疗保险，主要包括重大疾病保险和住院津贴保险。另外，还可在怀孕前购买医疗保险，以享有生育期的保障。

正所谓"人无远虑，必有近忧"，多钻研一下理财的学问，现在就做好预算，将来才不会为钱财忙得焦头烂额。

选择适合自己的理财方式

理财是一件非常个性化的事情，每位女性都因各自的状况不同而有不同的理财方式，如果不能根据自身的情况把握重点，你的钱非但不能增值，反而连本金都亏进去了。面对众多的理财方式，关键是要看哪种更适合你。

理财实际上是一个长期的过程，是一种生活态度和价值选择。在人生的路途上，不确定的因素太多，要想保证自己的未来，变被动为主动，女性一定要懂得理财。

不同年龄阶段、不同职业、不同个性的女性有不同的金钱观，理财策略自然也不尽相同。面对众多的理财方式，选择的唯一标准就是看这种方式是否真正适合你。换句话说，理财要因人而异、因时而异、因地而异。

1.根据自己的年龄选择理财方式

（1）25岁。此时的女性刚跨出学校大门不久，正是人生目标很多、手上资金很少的时候。不过，正是在这个开始的阶段，面临着更多的赚钱或升职的机会，因此可以在投资方面积极进取一点。

李琼，单身，每月收入4 000元，由于没有家庭负担，每月可以考虑用1 500元作投资。这些资金中，她将80%用于股票市场，20%用于现金存款。相同收入但生活费用不同者可以有不同的选择，有部分人需要自己

租房，部分人则不需要，可以根据自己的情况拟订一个合适自己的计划，并且不要轻易按别人的方式更改自己的计划。

（2）30 岁。女性步入 30 岁后，投资应该比 25 岁时保守些。由于现在手上的资金更多一些了，也就可以有更多的选择，比如可以买债券、保险、各种基金等投资。投资的主导策略是有稳定回报和多元化投资。如果已经成家，要考虑子女的教育费用等，可以考虑更多的储蓄计划。如果没有成家或没有养育子女的计划，则可以选择相对进取一点的投资计划。

王女士，已婚，家庭收入 16 000，除去每月供房款 3 000 元，每月可有 7 000 元作投资。她把 40% 投向股市，20% 投向债券，25% 现金存款，15% 购买黄金。

其实每一个投资方式都可以随着个人目标的不同而有不同的组合变化，更可以根据自己的偏爱和选择方式作决定。比如想给子女留有较宽裕的养育经费时，可以选择那些可以临时兑现或脱手也不会引起损失的投资，等等。

（3）40 岁。到了 40 岁的女性，正处于事业的顶峰阶段，上升的机会对这个年龄段的女人来说是很少的了，每个人发展的潜力基本上都体现出来了。这时候的投资，应该以保守为指导思想。尽管现实的情况可能正好与此相反，但是要提醒大家的是，这些"高龄"投资者中有相当一部分是经济较为宽裕者，而本文的对象是普通白领阶层。减少风险投资在很大程度上就是减少股票投资，应在投资组合中加大债券的比例。

向女士，每月家庭收入 30 000 元，房款按揭每月 4 500 元，每月有 12 000 元可作投资。她的投资方式为：25% 投向股市，30% 投向债券，30% 现金存款，15% 购买黄金或其他基金。

2.考虑到自己的个性

女性的个性决定其兴趣、爱好，同时也决定她的投资是保守型、稳健型还是冒险型。这里讲的性格，主要是指一个人的抗风险能力。如果一个

人对本金损失在 10% 以上都能承受的话，那么她的承受能力可以说很强，这类人适合于投资风险系数相对较大的项目。反之，对于那些承受能力偏弱的人群，就应该以投资国债和一些保本的基金或保险品种为主。

家庭责任感强的女性适合投资寿险。这种女性非常关注家人的健康和生活水平，她们很有爱心，家庭生活是她们幸福的源泉，那么，寿险投资正是可以实现这种爱心和责任感的最佳理财方式。

保守稳重的女性可选择国债和储蓄。这种女性有坚定的目标，没有把握的事不干，对社会和朋友也信守诺言，讨厌那种变化无常的生活方式，不愿冒风险，购买利息较高而风险较小的国库券是这种性格女性投资的首选。

审美能力强的女性适合投资收藏品。这种女性生活严谨，有板有眼，不期望暴富但满足现状，且具有很高的文化修养和艺术鉴赏力，在理财的时候也希望同时满足自己的精神需求。由于收藏只会增值不会贬值，因此这种投资方式使她们即使遇到意外，也有生活保障。

敢冒风险的女性可以投资股票、期货。这种女性喜欢刺激，把冒风险看成是生活中的重要内容。她们不满足小钱小富，决心在金融大潮中抓住机遇。她们一经决定，常常义无反顾地参与其中，很难回头。

3. 根据自己的职业决定理财方式

从事股票工作的人，自然对股市比较熟悉，并且信息比较灵通，还有足够的时间去逛股市，那么选择股票作为投资重点无疑是上乘的想法。对于从事保险行业的人来说，她们在保险方面就比较在行。

34 岁在某保险公司任高级讲师的李经理年收入 8 万元，她为自己设计了一套"保障＋分红"的保险方案，即每年 15 万元的保费中，保障型的大病基金、意外伤残保障、器官移植保险等占到了 2/3，余下的才是投资险。

而年收入 4 万元、目前正在某保险公司担任销售主管一职的陈小姐

为全家制订的保险方案仍是保障型。在陈小姐出示的保单上，各种人身意外、医疗、养老保险一应俱全，就连刚出世的儿子也有了从教育到养老，甚至意外伤害的妥当保险保障。

据了解，李经理和陈小姐的保险方法正是众多保险专家在选择险种时一致采用的方法，正因她们从事保险行业的工作，所以她们投资保险的方式也比较合理。

当然，理财方式有很多，对于女性来说，选择适合自己的理财方式，是十分重要的，也是必要的。总之，最重要的是要建立起经营理财的习惯和观念，尽早开始自己的人生经济计划。

给人生加一道保险

现代女性在社会中扮演的角色，毫不逊色于男性，随之而来的工作和生活的双重压力，使女性在生活中要承受更高的风险。因此女性根据自己的具体情况为自己制订一份最合理的保险方案也显得越来越重要。

在生活中，谁也不希望考虑事故、衰老、疾病或者死亡的问题，然而人生在世难免会有风险。所以当我们面临不知何时降临的风险时，除了担心之外，更应该为自己做好准备，拥有充分的保障。因为面对多变的人生，每个女人都渴望安全和稳定的生活，但是，一次意外就可能使你负债累累，一次事故可能会拖垮全家。因此，给自己的人生加一道保险就显得十分重要。它使你在最需要帮助的时候，不必靠运气，也不会有遗憾。

有这样一种说法，现代女性有三大烦恼：一是活得太久，自己要钱用；二是走得太早，家人要钱用；三是中途波折，大家要钱用。虽然这是个玩笑，但是也有一定的道理。那么，如果从保险的角度来看，每个女人在人生的各个时期就必须为自己做好"风险保障"，让保险成为人生各阶段的生命屏障。

25岁的肖林是一位上海姑娘，又是家里的独生女，这样的介绍会让人觉得她八成是个衣来伸手、饭来张口、生活无忧的人，但事实恰恰相反。肖林的父母很早以前就下岗了，母亲身体又不好，多年来靠父亲四处打零工维持着艰难的生活。肖林在四年的大学生活里一直坚持勤工俭学，直到她大学毕业，靠优异的成绩过五关、斩六将进入一家外资企业工作，拿到了优厚的薪水，一家人才终于松了口气，父母也终于不必再那么辛苦，准备安享晚年了。

工作后不久，肖林认识了一名寿险规划师。在寿险规划师的建议下，她购买了20万元的意外伤险。

正当肖林的父母为有这样一个好女儿而感到欣慰的时候，不幸的事情发生了，肖林参加一个聚会之后，在回家的路上发生了车祸，伤势很严重。这对肖林的父母不啻晴天霹雳！而对巨额的医疗费，肖林的父母一筹莫展。就在这个时候，寿险规划师将肖林购买的保险赔偿金送到了肖林家。拿着这张20万元的支票，肖林的父母激动万分，女儿终于有救了。

肖林在生命垂危的时候感受到了保险的真正价值。

人人都知道保险，但对保险的认识未必人人都正确，以下将提供一些保险方面的知识，使你在购买保险时做到心中有数。

1. 了解保险公司

保险公司是经营风险的金融企业，《保险法》规定保险公司可以采取股份有限公司和国有独资公司两种形式，除了分立、合并外，都不允许倒闭，所以，大可放下门第之见买保险，但重点要看公司的条款是否更适合自己，售后服务是否更值得信赖。

2. 量入为出买保险

作为一个理智的女性，应该根据自身的年龄、职业、收入等实际情况，适当地购买人身保险，既要保证经济上有能力长时期负担，又能得到应有的保障。

有些二十多岁的年轻女性为自己投保了多份保险，每年缴保费常常在几千元甚至万元以上。而生活经验告诉我们，一个人的经济收入受到很多因素的影响，很难维持一成不变的水平。二十多岁的年轻人收入不稳定，一旦将来经济收入情况变差，就很难继续缴纳高额的保险费，到时如果退保就会造成损失，不退保又实在难以维持，难免处于两难的境地。

此外，谁也不会希望以发生意外来领取赔偿金致富，因此我们有保险的需求，但是并不需要花大钱买保险。

3. 不是每个女性都需要寿险

如果投保寿险是为了保障家人生活的话，不是每个人都需要买寿险。因为寿险是保障依赖他人收入而生活的人，如果没有人依赖你而生活，基本上不用买寿险，应买医疗险或意外险。

4. 选择合适的保险公司的保险产品

保险要提供几十年的服务，保险公司的实力、信誉、条款、售后服务等至关重要。购买前应了解公司的基本情况，如经济性质、注册资金、业务开展情况、理赔情况，等等。

保险是一种特殊商品。一件衣服或一套家具买来了，如不喜欢可以退货，也可以送人；而保险不能转送。有些人买保险，是因为营销员是朋友或亲戚，本不想买，但碍于情面，只好硬着头皮买下；或是不看条款，光听介绍，盲目轻信，买后才发现并不适合自己，结果是不退难受，退了经济受损也难受，出了险更难受。

保险种类很多，应根据自己的实际情况选择自己最需要的。比如同是养老保险，有的是在交费时就确定领取年龄，有的是在领养老金时才确定；有的是按月领取，有的是按年领取，有的是一次性领取；有的是定额领取，有的是增额领取。同是防重大疾病保险，有的观察期是180天，有的是1年，有的是3年，如果仅凭一时冲动投保而没有相互进行比较分析，往往不能买到合适的保险。

　　对大多数女性来说，生活中遇到危险是难免的，常常有些意外，毫无征兆，不期而至，因此会造成各种程度不等的经济损失。如果我们事先购买了适当的保险，那无异于筑起了一道坚固的防线，有些不幸只会成为一种经历而已，犹如大海中的一次退潮，不会影响生活质量。

　　俗话说："晴带雨伞，饱带饥粮。"出发前作好准备工作，遇到任何事情都会从容不迫，保险正是人生中这种从容不迫的准备。人生是长途跋涉的旅行，既然注定会有坎坷和崎岖，何不给车加满油，准备好备用胎。人生不打无准备之仗，一个对自己和家人负责的人总是未雨绸缪，在出发前就做好准备。提前采取防御措施，正确面对风险，降低风险的伤害程度，这是每个现代人必须面对的课题。而保险，正是应对意外风险的有效工具，毕竟预防总比治疗好。

　　女性朋友们，人生有太多的等待，但有些事是不能等的，比如保险，因为无法预知未来，不知道哪一天会发生意外。在买保险的时候觉得多余，意外发生时，就往往后悔买得太迟、买得太少。与其将来后悔，不如现在立即行动，为自己的幸福人生加一道保险。

最理想的快乐是有人能够跟你分享

杨澜在答普鲁斯特问卷时，针对"您认为最理想的快乐是什么"这个问题时曾答道："最理想的快乐是有人能够跟你分享，无论是家人还是朋友。我觉得别人能够跟你分享的时候，你肯定觉得更快乐。我觉得人类是社会动物，所以你的快乐要能够分享的时候是最理想的快乐。"还有一句名言说："人活着应该让别人因为你活着而得到益处。"学会分享、给予和付出，你会感受到舍己为人，不求任何回报的快乐和满足。

一个男孩说，那年春天，他母亲在院子里种了一棵菊花。三年后的秋天，小小的院子变成了一个菊花园，金黄金黄的花朵簇拥着次第开放，整个小山村都散发着浓浓的芳香。

母亲陶醉了。她整日敞着院门，守在门旁边，看见过往的乡邻就热情地招呼他们进来坐坐，以便让满院的菊花引来更多的目光。于是，小小的山村仿佛也在秋天美丽起来，母亲的脸上洋溢着金色的微笑。

后来，有人开口向母亲要几棵花种在自家院子里，母亲答应了。她亲自动手挑选几棵开得最鲜、枝叶最粗的，挖出根须送到了别人家里。消息很快传开了，前来要花的人接连不断。在母亲眼里，这些人一个比一个知心，一个比一个亲近，都要给。不多日，院里的菊花就被送得一干二净。

没有了菊花，院子里就如同没有了阳光一样落寞。

秋天最后的一个黄昏，儿子陪母亲在院子里散步，突然想念起满院的菊香来。母亲轻轻拉过儿子的手，说："这样多好，三年后，一村子菊香！"

一村菊香！儿子不由心头一热，重新打量起母亲来，她的白发增添了许多，而脸上的皱纹宛若一瓣瓣菊花生动感人。

有了美好和幸福，不是独自一个人享受，而是让大家共享，并且把美好和幸福分送给每一个人，直至大家人人都有一份了，虽然或许自己却变得一无所有，但这种一无所有才是真正的拥有啊！

幸福犹如香水，你将它泼向别人的同时，自己也会沾上几滴。的确，在生活中，超越狭隘、帮助他人、撒播美丽、善意地看待这个世界……快乐、幸福和丰收就会时时与我们相伴。对此，罗曼·罗兰说得很精彩："快乐和幸福不能靠外来的物质和虚荣，而要靠自己内心的高贵和正直。"

贝尔太太是美国一位有钱的贵妇，她在亚特兰大城外修了一座花园。花园又大又美，吸引了许多游客，他们毫无顾忌地跑到贝尔太太的花园里游玩。年轻人在绿草如茵的草坪上跳起了欢快的舞蹈，小孩子扎进花丛中捕捉蝴蝶，老人蹲在池塘边垂钓，有人甚至在花园当中支起了帐篷，打算在此过他们浪漫的盛夏之夜。贝尔太太站在窗前，看着这群快乐得忘乎所以的人们在属于她的园子里尽情地唱歌、跳舞、欢笑，她越看越生气，就叫仆人在园门外挂了一块牌子，上面写着：私人花园，未经允许，请勿入内。可是这一点也不管用，那些人还是成群结队地走进花园游玩。贝尔太太只好让她的仆人前去阻拦，结果发生了争执，有人竟还拆走了花园的篱

笆墙。

后来贝尔太太想出了一个绝妙的主意，她让仆人把园门外的那块牌子取下来，换上了一块新牌子，上面写着：欢迎你们来此游玩，但为了安全起见，本园的主人特别提醒大家，花园的草丛中有一种毒蛇，如果哪位不慎被蛇咬伤，请在半小时内采取紧急救治措施，否则性命难保。最后告诉大家，离此地最近的一家医院在威尔镇，驱车大约50分钟即到。

这真是一个绝妙的主意，那些贪玩的游客看了这块牌子后，对这座美丽的花园望而却步了。可是几年后，有人再到贝尔太太的花园去，却发现那里因为园子太大，走动的人太少而真的杂草丛生，毒蛇横行，几乎荒芜了。孤独、寂寞的贝尔太太守着她的大花园，她开始怀念那些曾经来她的园子里玩得快乐的游客了。

贝尔太太用一块牌子为自己筑了一道特别的"篱笆墙"，随时防范别人的靠近，而这道看不见的篱笆墙就是自我封闭。

自我封闭就是把自我局限在一个狭小的圈子里，隔绝与外界的交流和接触。自我封闭的人就像契诃夫笔下的套中人一样，把自己严严实实地包裹起来，因此很容易陷入孤独与寂寞之中。自我封闭的后果是什么呢？在封闭自己的同时，也把快乐和幸福封闭在外面。我们每个人心中都有一座美丽的大花园，如果我们愿意让别人在此种植快乐，同时也让这份快乐滋润自己，那么我们心灵的花园就永远不会荒芜。

储蓄友情就是储蓄幸福

友情是一个人生存和发展所必不可少的财富，杨澜也说过："一个好的朋友可以让你的人生有着很大的改变，他会让你变得乐观。女孩到了二十几岁后，要多交一些朋友，自私一点说，要多交一些对自己有帮助的朋友，你可以从他们的身上学到东西。但是想交朋友，你就要对他们付出

真诚，不要只是为了想利用他们才与他们交往，没有人是傻子，你对别人好与不好，别人也都能清楚地看到。用自己的真诚与那些有思想的优秀人士交朋友吧！"

纪伯伦说过："你的朋友能满足你的所有需要。你的朋友是你的土地，你在那里怀着爱而播种、收获，就会从中得到粮食、柴草。"友谊是一生的财富。朋友总是在你不在的场合中毫不犹豫地代表和维护你的利益，在听到有可能对你造成不利影响的流言飞语或无耻谎言时，坚决地予以制止和反驳。在你哭泣的时候，他们替你哀伤；在你欢乐的时候，他们为你祝福。

对于女人来说，在某种意义上，更需要友情的滋润，朋友的作用有时比恋人或丈夫的作用还要大。与丈夫或恋人相比，你和朋友可以谈论更多的东西。除了朋友，你还打算向谁谈论你的丈夫或恋人呢？

有句话说得好"亲情是支柱，友情是守护"，人的生存需要朋友的友谊。至于如何交友，交什么样的朋友，这要根据个人的要求去选择。对待朋友，应本着尊重、友爱、信任、互助的态度，努力使友谊淳厚、持久。遇到不愉快的事情或矛盾时，要多和朋友交流，商讨解决问题的办法。闲暇时，也可和朋友做一些有意义的活动，充实生活。事实证明，真正的友谊会带给你许多意想不到的快乐。

有句流传已久的话，叫"三个女人一台戏"，女人们凑到一块，就爱唧唧喳喳说个不停，甚至还有人调侃说"两个女人等于五百只鸭子"，话虽不雅，却很形象地描述出了女人们的"说功"。事实上，这种海阔天空的聊天对人的心理健康是非常有好处的。人人都有倾诉的欲望。人与生俱来就有一种无法排解的孤独感，只有在人与人的交流中，这种孤独感才会暂时消失。女人比男人的平均寿命要长，与她们的爱说话有直接联系。

美国前国务卿康多莉扎·赖斯是一位杰出的黑人女性，她不但在政坛叱咤风云，更在男性世界中从容周旋，备受媒体关注。

赖斯之所以能有今日的地位，有一个原因不容忽视，那就是她与布什

及布什一家始终保持着良好关系，并赢得了布什一家的友谊。周末的时候她是戴维营的常客，除了谈论政策外，她还陪布什全家去看电影。赖斯与布什有一个共同的爱好，就是体育，他们都是体育迷。布什曾拥有一个棒球队，而赖斯则曾表示希望成为国家橄榄球联盟的主席。

赖斯与布什既是亲密的朋友，又是事业上的好伙伴。布什对外访问之前，赖斯会首先对出访意义进行演讲，向公众阐述布什的外交政策。访问过程中赖斯总是坚持陪着总统，随时了解事件的进展，并提供给布什总统必要的资料。在布什对外政策受到来自国内外的压力时，在布什需要人支持他时，赖斯总是坚定地站在他的身旁为他精心谋划，并为他的计划不遗余力地进行各类宣传。

赖斯的成功，与她本身的实力和努力是分不开的，但她与总统及其家庭亲密的朋友关系也是其中的一个因素。赖斯赢得了布什的信任和尊重，在一些重大的外交问题上，布什更注重听取她的意见。

交友有一个选择的过程。开始是结识和初交，在交往过程中互相了解以后，才由初交成为熟悉的朋友。朋友可以是暂时的，也可能是永久的。从学习、工作的需要出发，本着互惠互利、共同发展的原则，结交一些志同道合的朋友是有益的。如果不仅志同道合，而且感情深厚，心灵相通，这样就可以从合作共事的朋友变成生死相依、患难与共的知音知己。

针对如何选择朋友，杨澜也说过："要有目的性地选择朋友，社会中的人脉非常重要，而你选择加入的朋友圈也会对你的人生有着很大的影响。如果你的朋友都是一些积极向上乐观的人，你也会被他们感染的；如果你的朋友是一个悲观主义者，整天只知道抱怨生活，却不会脚踏实地的工作，时间久了，你同样会被感染的。人在选择朋友的时候很重要，有时候如果想了解一个人，也可以从他的朋友是什么样的人来了解他的为人。不要轻易地交朋友，也要注意选择跟什么人交朋友。"

另外，交朋友要怀有一颗平常心，交朋友不论尊卑贵贱，只要志同道

合即好。而且，朋友也无高低贵贱之分，任何一个以势利眼去衡量他人的人，其结果只是证明他的肤浅无知。

在现实生活中，一个成年女人没有一个伙伴或知己却是不足为奇的，许多女人都承认她们没有一个可以完全信赖和吐露心事的亲密无间的朋友。然而，她们之间的大多数又似乎都认为这种现象是正常的、可以接受的。有一位成功女性在谈到友谊时说："我真希望为自己找一个知心朋友。我有不少生意场上的朋友，但没有一个知己，我感到十分孤独。偶尔心血来潮，毫无缘由地给朋友打电话，结果也只是问个好，从来没有可以开心地谈天说地的对象。"

在互相建立联系的过程中，女人们似乎自始至终都受着约束，她们不愿意让别人知道自己的弱点——挫折、焦灼、失望。她们怕被人视为懦弱，怕自己表现得像只会一味怨天尤人的失败者，使他人对自己失去兴趣和尊重。同时，她们也不愿意与人分享自己胜利的欢乐，因为她们怕激起别人的竞争、嫉妒或因为表现出一种狂妄而被人指责。

其实，女人的交友能力远比男人强，只要克服了上述心理上的弱点，她们能交到比男性更多的朋友。

友谊对人生是不可或缺的。如果没有友情，生活将缺少悦耳的和音。在没有友情的人群中生活，那种苦闷不言而喻。心灵犹如一片荒漠，而友谊却如甘露，可令沙漠生出绿洲。所以说，储蓄友谊就是储蓄幸福。

人脉，是财富也是幸福

俄国作家契诃夫说过："不和男人交际的女人渐渐变得憔悴，不和女人交际的男人渐渐变得迟钝。"与人相处，是女人生命的亮点。它不仅照亮女人，也让身边的人感到光艳夺目。崇尚社交是女人的天性。男人的社交重心在于事业，女人社交的重点更多地体现在情感上。

"请学会社交吧，因为你的面前是成群的职业高手！"这是美国著名女性专家大师波尔·特丝对现代女性的一句忠告。交际，是人类的基本需要。没有社交的女人是可怜的，没有女人的社交更是可悲的。随着社会的进步，女性参加社会活动的机会越来越多，女性从社交中获得的益处也越来越多。对一个人的人生而言，群体活动是其中的重要环节，人就是在群体活动中度过的。没有社交，没有群体活动，女人的人生就会变得枯燥乏味，甚至了无情趣。社交是女人生存的命脉，社交对于女人是大有裨益的。

那么，女人应该怎样利用自身的交际优势，打造成功的人际关系网呢？

1. 善待朋友

无论何时何地，如果有人想主动结识你，绝不要当场立刻拒绝，而应马上做出友善的回应，向对方展示你的友善和真诚。永远记住，多善待一个希望结识你的人，你就多一份人脉，并可能因此多得一次事业良机。

2. 保持自信

每个女人都有一套积累人脉的方式，每个女人接待人的特点和方式都不同，但是有一点可以肯定，善于社交的女人必然是个自信、开朗的人，一个腼腆、保守的人很难打入新的社交圈子。一个女人如果很不自信，她就不愿意走出去主动与人交往，更甭说拓展人脉了。

3. 培养受欢迎的个性

有一些女人尽管有很高的社交要求，但她们仍然会觉得和别人交际来往会让她们心神不宁，带给自己莫名的紧张。锻炼"耐性"可以让你在人际交往上得到长足的改善。

4. 以开放的心态交友

如果你想有更多更好的朋友，就应该养成开放宽容的心态。其中最重要的是，要勇于接受朋友们的意见和批评。只有善于吸收意见的人，才能成长得最快。我们建设人脉的目的之一就是为自己增加发展的外力，能够为自己提意见的朋友是世界上最珍贵的朋友。处处寻找朋友，寻找朋友们

的建议，才是理性和成熟的体现。

有一句歌词唱得好："千金难买是朋友，朋友多了路好走。"还有一句类似的俗语讲"在家靠父母，出门靠朋友"，说的都是人脉。人脉就是人际关系网，就是你结交的好人缘，就是你在需要时，可以毫不犹豫开口求助的那些人。这是一个团队合作的年代，谁都不可能成为孤胆英雄，而是站在巨人肩膀上的英雄。多一条人脉多一条路，多一个朋友就少一分孤单。朋友多了，视野才更开阔，生活才更充实，自己的帮手和社交平台才会越来越宽阔，离成功和幸福也更进了一步。

Lesson23
给生活加点情调
——杨澜的幸福
小秘密

大自然让我找回自己的心

杨澜在的散文集《凭海临风》中写道，她让儿子去认识自然这位人类的母亲，仔细地述说每一次旅行的感受。在一次采访中记者问道："大自然真的拥有什么朴素的秘诀让你成功吗？"杨澜说道："大自然让我找回自己的心。不管曾经在哪里迷失，不管迷失有多久，它都会帮我找回来。今天，当许多人不惜重金美容换肤的时候，却忘记了：心，才是最娇嫩的地方。大学的时候，我和女友登上了黄山，无法形容当时的感受，只知道拼命吸取那湿漉漉的绿色，并积攒起来，好留给日后某个干燥枯败的日子。带着'流光容易把人抛'的少年伤感，我们既痛苦又庆幸。其实只要你打开心扉，成长中必然经历的沟沟坎坎，自然母亲都会助你一臂之力。"

杨澜与大自然的交往由来已久，高中阶段的高考压力人所共知，而杨澜最常提到的那条通往中学的乡间小道给她带来的无限慰藉。她说："那是属于我个人的享受。四季虫鸣、田野风雨、满耳的流水声便是我的'随

身听'，那些从不抱怨的农民，给我带来了极为朴素的美感。"

大自然有着神奇的力量。它的包罗万象能对人的身心产生重大的影响，日落月升、花开花谢、四季更替、潮涨汐落，等等，大自然给予的一切，能让人的心胸更加开阔。

对那些懂得并欣赏美的人来说，融入大自然的怀抱就像是走进了一座巨大而精美的、弥漫着优雅和魅力的宫殿。横展在我们面前的大自然，是这样庄严、美丽、可爱。在这里有轻风在驰骋，有泉流在激溅，有鸟儿在鸣啼，风的微吟、雨的低唱、虫的轻叫、水的轻诉，显得是那么抑扬顿挫、长短疾徐，再加上夕阳的霞光，花儿的芬芳，高山的宏伟，彩虹的艳丽，空气的舒爽，构成了足以让天使陶醉的画面，而置身于其中的我们，又怎能不像喝了醇酒一般呢？但是，这种美丽和恬静是无法靠金钱来换取的。只有那些与大自然的脉搏一起跳动，心中充满了温情和爱的人们，才能真正地发现它们，欣赏它们，并拥有它们。

现代人大多生活在大都市中，平时接触的都是高楼大厦、车水马龙的人流。我们远离大自然，完全生活在钢筋水泥筑成的城市森林中，时间长了，就会有许多的烦恼。城市污浊的空气和浮躁的气氛对我们的健康是非常不利的，利用闲暇走出城市，走进自然，相信我们一定能收获很多。

某地有个远近闻名的长寿村，那里环境幽美，树木茂盛，空气清新，泉水甘甜。据说，当地一个小村庄，100 岁以上的老人就有 50 多人，下地干活的八旬老翁屡见不鲜。

一位健康专家到那里作了深入调查后，得出的结论是：这里之所以生病的人少，长寿的人多，全都是大自然的恩赐。

大自然是造物主赐给人类的最高享受，谁能与大自然亲近，谁就能拥有健康。所以，我们应把休闲的地点更多地选择在大自然里，而不是咖啡厅或其他聚会场所。

大自然是这个世界的营养供给者，我们所有人的身心都需要它的滋

补。当人走出了野蛮状态，同自然有了分隔，开始从文明的高台上远眺自然，或偶尔离开人群步入林莽，走出城市而奔向远郊的时候，才会对它产生神往和惊叹。这是人对自身发展足迹的追忆，是一种返璞归真的心态。对生活在荒野之外的现代人来说，荒野的美感冲动是人皆有之的新奇感，是暂时摆脱了日常生活状态的轻松心情，也是城镇居民需要花钱去买的奢侈享受。

大自然的魅力在于它巨大的生命力。越是原始的地方，我们越是感觉到生命力的强大。大自然的神奇，可以让人真切体会到生命的渺小和珍贵；大自然的美丽，可以让人体会到人生的美好。所以，生活中当你感到烦闷时，不妨背起行囊，一个人独自去游山玩水，到大自然中放松自己。

置身大自然，迈步山水间，任心灵自由自在地驰骋，让人在物我两忘的意境中，将天地万物置于空灵之中。这是何等快意，何等无拘无束啊！罗素曾经说过："我们的生命就是大地生命的一部分，就像所有动植物一样，我们也从大地中吸取营养。"当你走进大自然，投入它那宽广的胸怀时，大自然的一草一木似乎都有灵性，都会抚慰你受伤的心灵。

音乐是心灵最好的滋养

除了到大自然当中放松身心外，杨澜还喜欢听音乐，只要有时间，即使是在家里做家务，她也会放上一首自己喜欢的曲子。音乐这种古老而又现代的艺术形式，对人的心灵放松和气质修养都有着不可言说的妙处。音乐处处可闻，它不需要华丽的外表和奢侈的消费，堪称最朴素的精神享受，它也是心灵最好的滋养。

音乐绝不仅仅是一串单纯的音符，它还是一种深蕴着人的精神的文化现象。无论在我国传统的音乐中，还是在西方古典音乐、浪漫音乐中，我们都可以感受到音乐的精神"脉搏"。音乐大师们在五线谱间发出的对天、

地、人的畅想，对命运的慨叹，对未来的展望，给懂得欣赏的人们带来了心灵的震撼。

音乐是一道美丽的风景，但这道风景不是用眼睛看的，而是用心去体会的。春秋战国时期，俞伯牙与钟子期"高山流水觅知音"的故事千古流传，令人交口称赞。音乐就是这样，有着无穷无尽的、无法用语言描述的魅力。女人可以在音乐的世界里，尽情放纵自己的欢笑、自己的泪水，在流动的音符中寻找往昔生活的印迹，编织七彩的梦，获得心灵超越无限的自由之境。

现代生活日益紧张忙碌，音乐对女人就显得更加重要了，那是上天赐给她们的声音。紧绷了一天的神经将会在音乐中得到松弛，压抑了数天的抑郁情绪将会在音乐中得到宣泄，发自心底的快乐也能在音乐中获得飞扬。音乐还能在咖啡、牛奶浓浓的香气中带走她们的思绪，给创作者以灵感，给奋斗者以希望。因此，音乐不仅能调整女人的状态，还能陶冶她们的情操。

音乐是用来享受的，听肖邦的练习曲，感受他充满着美、精妙、壮丽和力量的心灵独白，倾诉一腔爱国柔情；听贝多芬用他那神奇的手谱写的田园之曲，撞击命运之间，感受一个顽强的生命在不懈地抗争；看柴可夫斯基的芭蕾，感受驾着俄罗斯马车，在静谧的湖畔驻足观赏天鹅起舞的优雅……

音乐是女人生命中最亲密的朋友，不仅可以给她们带来无限欢乐，还可以让女人变成世间最动人的精灵。音乐，如一枝出水的芙蓉，用它婀娜多姿的身躯，用极富渗透力的情韵，去触摸柔情似水的女人。女人离不开音乐，没有音乐的女人，生活是单调的，情感是贫瘠的，日子是乏味的；有了音乐的女人，阴天会放晴，忧郁会消失，贫穷会化为富有，悲伤也会成为享受。

音乐是女人，女人是音乐。音乐给女人以憧憬、幻想、回忆、遐思。

音乐的暗示就是给女人生命的暗示。丝丝缕缕、串串音符如潺潺的溪流，如春野的小鸟，清清柔柔，诉说着女人的情怀……总之，爱音乐的女人是美好的，懂音乐的女人是有内涵的，当她闭着眼睛用心灵聆听那美妙的旋律时，她的情感跟着节奏起舞，她的灵魂在跳跃的音符里与歌者交汇。徜徉在旋律里的女人，她不只是在倾听，她也在轻轻吟唱。懂音乐的女人，往往也是懂得体会幸福的女人。

过"写意的生活"

作为一位事业成功的女性，杨澜却坦言自己绝不是工作狂。尤其是在做了母亲后，杨澜会刻意留出时间来，除了陪孩子，她也经常围在丈夫的身边转，有空的时候看看书，和好友喝喝茶。一样是做女人，用不用心会很不一样，智慧的女人会用心生活。

生活本是丰富多彩的，除了工作、学习、赚钱、求名以外，还有许许多多美好的东西值得我们去享受：可口的饭菜、温馨的家庭生活、蓝天白云、花红草绿、飞溅的瀑布、浩瀚的大海、雪山与草原等。此外，还有诗歌、音乐、沉思、友情、谈天、读书、运动，甚至工作和学习本身也可以成为享受，如果我们不是太急功近利，不是单单为着一己之利，我们的辛苦劳作也会变成一种乐趣。

一个6岁的小女孩问妈妈："花儿会说话吗？"

"噢，孩子，花儿如果不会说话，春天该多么寂寞，谁还对春天左顾右盼？"

小女孩满意地笑了。

小女孩长到16岁，但她有时还会像个小孩子一样问妈妈："天上的星星会说话吗？"

"噢，孩子，星星若能说话，天上就会一片嘈杂，谁还会向往天堂静

谧的乐园？"

小女孩又满意地笑了。

女孩长到 26 岁，已是个成熟的女性了。一天，她悄悄地问做外交官的丈夫："昨晚宴会，我表现得合适吗？"

"棒极了，亲爱的！"外交官不无欣赏和自豪，"你说话的时候，像叮咚的泉水、悠扬的乐曲，虽千言而不繁；你静处的时候，似浮香的荷、优雅的鹤，虽静音而传千言……亲爱的，能告诉我你是怎样修炼的吗？"

妻子笑了："6 岁时，我从当教师的妈妈那儿学会了和自然界的对话；16 岁时，我从当作家的妈妈那儿学会了和心灵对话；在见到你之前，我从哲学家、史学家、音乐家、外交家、农民、工人、老人、孩子那里学会了和生活对话。亲爱的，我还从你那里得到了思想、智慧、胆量和爱！"

做一个快乐的人，就要学会感受生活，学会品味生活中每时每刻的内容。虽然享受生活必须有一定的物质基础，努力地工作和学习，创造财富，发展经济，这当然是正经的事。但是，劳作本身不是人生的目的，人生的目的是"写意的生活"。一方面勤奋工作，一方面使生活充满乐趣，这才是和谐的人生。

我们说享受生活，不是说要去花天酒地，也不是要去过懒汉的生活，吃了睡，睡了吃。如果这样"享受"生活，那才叫糟蹋生活。

享受生活，是要努力去丰富生活的内容，努力去提升生活的质量。愉快地工作，也愉快地休闲。散步、登山、滑雪、垂钓，或是坐在草地、海滩上晒太阳。在做这一切时，使杂务中断，使烦忧消散，使灵性回归，使亲情重现。用乔治·吉辛的话说，是过一种"灵魂修养的生活"。

我们的生活可以很平淡、很简单，但是不可以缺少情趣。一个智慧的女人，必定懂得从生活中的点滴琐细中，采撷出五彩缤纷的情趣。

小王是个普通的职员，过着很平淡的日子。她常和同事说笑："如果我将来有了钱……"同事以为她一定会说买房子买车子，而她的回答是：

"我就每天买一束鲜花回家！"不是她现在买不起，而是她觉得按目前的收入，到花店买花有些奢侈。有一天她走过人行天桥，看见一个乡下人在卖花，他身边的塑料桶里放着好几把康乃馨，她不由得停了下来。这些花一把才卖 5 元钱，如果是在花店，起码要 15 元钱，她毫不犹豫地掏钱买了一把。这把从天桥上买回来的康乃馨，在她的精心呵护下开了一个月。每隔两三天，她就为花换一次水，再放一粒维生素 C，据说这样可以让鲜花开放的时间更长一些。每当她和孩子一起做这一切的时候，都觉得特别开心。

生活中还有很多像小王这样懂得生活情调的女人，她们懂得在平凡的生活细节中拣拾生活的情趣。亨利·梭罗说过："我们来到这个世上，就有理由享受生活的乐趣。"当然，享受生活并不需要太多的物质支持，因为无论是穷人还是富人，他们在对幸福的感受方面并没有很大的区别，我们可以通过摄影、收藏、从事业余爱好等途径培养生活情趣。卡耐基说过，生活的艺术可以用许多方法表现出来。没有任何东西可以不屑一顾，没有任何一件小事可以被忽略。一次家庭聚会，一件普通得再也不能普通的家务都可以为我们的生活带来无穷的乐趣与活力。

给你的幸福上个闹铃

人们常常在幸福的金马车已经驶过去很远，才捡起地上的金鬃毛说，原来我见过它。人们喜爱回味幸福的标本，却忽略幸福披着露水散发清香的时刻。那时候我们往往步履匆匆，瞻前顾后，不知在忙些什么。世上有预报台风的，有预报蝗虫的，有预报瘟疫的，但却没有人预报幸福。其实幸福和世界万物一样，有它的征兆。杨澜曾说过这样一句话："我的幸福上着闹铃。"是的，幸福需要你去提醒它，也需要你用心去对待它。

幸福常常是蒙眬的，很有节制地向我们喷洒甘霖。你不要总希冀轰轰烈烈的幸福，它多半是悄悄地扑面而来。你也不要企图把水龙头拧得很大，使幸福很快地流失。只需静静地以平和之心，体验幸福的真谛。

幸福绝大多数是朴素的。它不会像信号弹似的，在很高的天际闪烁红色的光芒。它披着本色外衣，亲切温暖地包裹起我们。幸福不喜欢喧嚣浮华，常常在暗淡中降临。贫困中相濡以沫的一块糕饼，患难中心心相印的

一个眼神，父亲那粗糙大掌一次温柔抚摩，女友一个温馨的字条……这都是千金难买的幸福。像一粒粒缀在旧绸子上的红宝石，在任何时候都光彩熠熠。

幸福有时会同我们开一个玩笑，乔装打扮而来。机遇、友情、成功、团圆……它们都酷似幸福，但它们并不等同于幸福。幸福会借它们的衣裙，袅袅婷婷而来，走得近了，揭去帷幔，才发现它的真实样貌与内涵。幸福有时会很短暂。如果把人生的苦难和幸福分置天平两端，苦难体积庞大，幸福可能只是一块小小的宝石。但指针一定要向幸福这一侧倾斜，因为它拥有生命的黄金。

幸福有时候是健忘的，它需要我们时时提醒。当春天来临的时候，我们要对自己说，这是春天啦！心里就会泛起茸茸的绿意。幸福的时候，我们要对自己说，要记住这一刻！幸福就会长久地伴随我们。那我们岂不是拥有了更多的幸福？所以，丰收的季节，先不要去想明年可能的灾害，我们可以用漫长的冬季考虑这件事。我们要和朋友们跳舞唱歌，渲染喜悦。既然种子已经回报了汗水，我们就有权沉浸幸福。不要管以后的风霜雨雪，让我们先把麦子磨成面粉，烘一个香喷喷的面包。所以，当我们从天涯海角相聚在一起的时候，请不要踌躇片刻后的别离。在今后漫长的岁月里，有无数孤寂的夜晚可以独自品尝愁绪。现在的每一分钟，都让它像纯净的酒精，燃烧成幸福的淡蓝色火焰，不留一丝残渣。让我们一起举杯，说我们很幸福。所以，当我们守候在年迈的父母膝下时，哪怕他们鬓发苍苍，哪怕他们已到耄耋之年，你都要有勇气对自己说我很幸福。因为天地无常，总有一天你会失去他们，会无限追悔此刻的时光。

幸福并不与财富、地位、声望、婚姻同步，那只是你心灵的错觉。所以，当我们一无所有的时候，我们也能够说我很幸福，因为我们还有健康的身体。当我们不再享有健康的时候，我们依然可以微笑着说我很幸福，因为我还有一颗健康的心。当我们连心也不再存在的时候，仍旧可以说我

很幸福，因为我曾经生活过。常常提醒自己注意幸福，就像在寒冷的日子里经常看看太阳，心就会不知不觉温暖起来。

幸福，来自对生活细节的关注

近年来，德国有关专家的一项调查研究表明，人之所以感觉幸福并非偶然，生活中的许多细节或者个人的生活习惯很大程度上决定了人是否感觉幸福。

据报道，在表示自己生活幸福的人群中，64%的人称自己喜欢和配偶、朋友、家人在一起，50%的人认为阳光和爱人的吻让生活"与众不同"；而很多感觉不幸福的人将自己的大部分时间花费在电脑游戏上，其中69%的人沉迷于上网，45%的人喜欢看电视。可见，珍惜细节、做好细节，是幸福生活的必要条件。

一位女作家在文章中讲过这样一个故事：

她出差两周后回到家，发现家里一切都乱糟糟的，她顾不上旅途的辛劳，挽起袖子就干起家务来。两个钟头之后，家里的一切都井井有条了，就连鱼缸里浑浊的水也换了。

儿子放学回到家，直奔鱼缸而去，看着新换的清水，急问妈妈："原来的水呢？"

她说："倒水池了。"没想到儿子听后突然号啕大哭起来。

她慌了，说："你哭什么？7条鱼，一条也不少哇。"

儿子继续号啕大哭着说："有一条鱼，生了5条小鱼……很小很小的……你都给倒了！"女作家一下子傻了眼。在她出差之前，有一条热带鱼的肚子明显地鼓了起来，她还跟儿子说："这条鱼快要做妈妈了呢！"哪知道，那些刚刚诞生的小生命竟被自己粗心地杀害了。

生活中，我们常常会忽略很多东西，或是因为生活的忙碌，或是自己

的粗心大意，就在有意无意间遗漏了很多，有些我们可以挽回，而有些却无法挽回。所以，我们要留心生活中的每一个细节，不要让生活留下太多的遗憾。

有一篇《健康快乐的秘诀》，文章劝勉人们在日常生活中，以下面的生活姿态去创造幸福：

（1）做一做那些你想做却没时间做的事情。

（2）给一个疏于联络的老朋友打电话。

（3）忘记过去某个时间让你生气的某个人或某件事，用记忆中快乐的片断来代替不愉快。

（4）与一个闷闷不乐的人共读一则笑话——笑话是灵丹妙药。

（5）不要轻易许诺。

（6）鼓励别人，给予他人帮助。

（7）尽量与你的家人和朋友在一起。

（8）多赞美别人，因为这可能是他最需要的礼物。

（9）当你发现做错了事情时立即道歉，道歉不是弱小的表现，而是勇气的象征；不要自夸，如果你做了好事，最终会有人发现。

（10）试着去理解一些与你的想法相迥异的观点。

（11）放松，当你想发脾气的时候，问问自己这件事情可会影响你多长时间。

（12）当有人开玩笑时你要笑得最响亮。

（13）交一个朋友，就如在你的面前展现了一个新的世纪。

（14）不要对一个孤注一掷做事的人说泄气话。乐观一点，有助于达到目标。

（15）对好事表示欣赏，这样既阐明了你的观点，又培养了良好的心境。

（16）读一本好书，扔掉那些坏书。

（17）需要勇敢的时候，问问自己："人生能有几回搏？"

（18）好好照料自己。对食物有所选择会让你感觉更好，外表也会更美观。

（19）不要听任烟雾污染你的空间，及时制止在你周围吸烟的人。

（20）还掉你借的书，整理衣柜中的衣物。

（21）把抽屉里的照片取出来，装入影集。

（22）看到人行道上有果皮，拾起来扔进垃圾箱里，别置之不理。

（23）不要说你自己都怀疑是对是错的话，不要做你也不知道是对是错的事情。

（24）满怀喜悦地看待周围的景观。

（25）昂首挺胸地走路，多些微笑，你看起来至少要年轻十岁。

（26）不要害怕说"我爱你"——这世界上最美丽的语言，生命中有了爱做伴，你就会有所收获。

人生充满了细节。给恋人一句甜言蜜语，给家人一个电话，给周围的人一个微笑……幸福，并非总是突如其来的重大事件，它其实更多地存在于点滴之中，存在于构成我们日常生活的每个细节中。生活是由一件件的琐碎之事连缀而成的，在这根线上的点点滴滴都是融汇着幸福的纽扣。细品着细琐的一点一滴，你都会觉得生活更加丰富多彩。一个小小的举动、一句暖暖的话语，就足以触及幸福生活的内涵和秘密。

以童心去感受幸福

一个人，在尘世间走得久了，心灵不可避免地会沾染上尘埃，使原来洁净的心灵受到污染和蒙蔽。这个时候，我们要维系一份童心，保持一份天真，不要让自己的心沾满灰尘，不要让自己被世俗染化，更不要找不到最初的自己。以一颗初心去面对世界，以一颗童心去感受幸福，这也是杨澜对生活对幸福的真切感受。

小晗是一个独生子女，从小很受父母宠爱。不过小晗的家教很严格，没有让她过分任性骄横，但她一直觉得自己不会长大，喜欢那种做孩子的感觉。在小晗家里还能看到很多可爱的东西，她用的护肤品也都是婴儿用品，动画片的碟片有厚厚一叠，还有一书柜的卡通书，那是她读高中的时候积攒的，现在依然视若珍宝。

有了女儿之后的小晗不仅没有"收敛"，反而多了一个玩伴，让她兴奋不已。但小晗平时上班的时候还是很注意的，尽量收起童心和幼稚的装束，认真工作。小晗在一家广告公司做平面设计，工作起来十分干练，充满幻想的创意也让她颇受老板的赏识，她认为这应该归功于自己的童心。

明朝李贽说："夫童心者，真心也；若以童心为不可，是以真心为不可也。夫童心者，绝假纯真，最初一念之本心也。若失却童心，便失却真心；失却真心，便失却真人。"童心不能失去，这是做一个真性情人的需要，也是做一个健康、快乐、长寿之人的需要；对女孩来说，童心更不能失去，这是女孩享受宠爱，享受快乐，享受青春的需要。

莫让失落的童心搁置，在这个纷繁复杂的世界中，请把你那颗心，深深地根植在童趣的沃土里。这时，你的肩膀不会再如此沉重，你会拥有最开心的笑容。

大多数人并不会保持童心，相反的，他们会在无形之中给自己增加压力，在繁忙的生活中给自己制造一堆心灵垃圾。有位心理学家曾说过："人是最会制造垃圾污染自己的动物之一。"清洁工每天早上都要清理人们制造的成堆的垃圾，这些有形的垃圾容易清理，而人们内心诸如烦恼、欲望、忧愁、痛苦等无形的垃圾却不那么容易清理了。因为，这些真正的垃圾常被人们忽视，或者，出于种种的担心与阻碍不愿去扫，譬如太忙、太累。或者担心扫完之后，必须面对一个未知的开始，而你又不确定哪些是你想要的。万一现在丢掉的，将来想要时却又捡不回来，怎么办？

我们在生活中，没必要让自己那么累。其实，仔细想一想，我们这么

努力，为的是什么？无非就是快乐，就是幸福。所以，人生有必要给自己留一份纯真，它就好像是生活的调味剂，缓解了枯燥的苦味，在不知不觉中渗出一种甘甜。

生活本身会有不同的色彩，有黑色的苦难、红色的热情、蓝色的忧郁，我们的固定思维模式总让我们用惯用的方式打量这个世界，结果看来看去好像都是单调的色彩，似乎没有什么新鲜的事情发生。但是童心能让我们像孩子一样，随时用新鲜的眼光看世界、看生活，让我们发现生活中还有亮丽的黄色、宁静的绿色……

生活中，幸福没有统一的答案，也没有固定的模式。幸福的内涵无限丰富，只要你善于捕捉，用心灵去发现，你都能感受到幸福，因为幸福其实是无遮无拦的，它就像山坡上静静地吐着芬芳的野花，没有围墙，也不需要门票，只要有一颗清净的心和一双未被遮住的眼睛，就能得到。

慢下来，别让幸福擦肩而过

生活中，许多人的口头禅都是"我忙啊"。没时间回家看看，没时间与好友聚会，没时间慢慢恋爱，忙得无心，忙得无情，甚至忙得忘记了自己为什么而忙。杨澜曾经也是这样的"忙族"中的一员，但后来她慢慢懂得了，要充分享受生活，就一定要学会放慢脚步。当你停止疲于奔命时，你会发现生命中未被发掘出来的美；当生活在欲求永无止境的状态时，你永远都无法体会到幸福的真谛。

虽然放慢脚步对一向急躁惯了的现代人来说是件难上加难的事，而且许多人对此根本就无暇考虑。但享受生活的一个重要条件就是，你必须清楚自己的所作所为，然后放慢脚步。

因为我们总是在赶时间，所以很少有机会与朋友进行心灵的恳谈，结果我们就变得越来越孤独；因为忙碌，我们只知根据温度来添减衣服，却

忽略了四季的更替，就这样不知不觉地过了一年又一年。我们忙得没有时间注意所有征兆，甚至连身体有病的早期征兆都觉察不出来。

古人云："此身闲得易为家，业是吟诗与看花。"这种寄生于绿柳红墙的庄园主情趣，现代人怕是很难享受到了，现代文明早已将此情调连同那个社会一同埋葬了。

英国散文家斯蒂文森在散文《步行》中写道："我们这样匆匆忙忙地做事、写东西、挣财产，想在永恒时间的微笑的静默中有一刹那使我们的声音让人可以听见，我们竟忘掉了一件大事，在这件大事中这些事只是细目，那就是生活。我们钟情、痛饮，在地面来去匆匆，像一群受惊的羊。可是你得问问你自己：在一切完了之后，你原来如果坐在家里火炉旁快快活活地想着，是否会更好些。静坐着默想——记起女子们的面孔而不起欲念，想到人们的丰功伟绩，快意而不羡慕，对一切事物和一切地方有所了解，却安心留在你所在的地方和身份——这不是同时懂得智慧和德行，不是和幸福住在一起吗？说到究竟，能拿集会游行来开心的并不是那些扛旗子游行的人们，而是那些坐在房子里眺望的人们……"

他告诫我们，太忙碌，会忘却生活的本来意义和幸福。

时间飞快地从我们身边滑过，开始我们总认为这样紧张忙碌是有价值的，结果我们最终两手空空地走向了时光的尽头。我们不能一味地为忙碌而忙碌，而遗忘了生命旅途中的种种风景和美好。与古人相比，我们的速度提升了，却错失了更多的生命风景。

所以，放慢一些脚步，尽情地去享受你的人生、你的生活吧！因为享受生活才是帮助我们充实人生，帮助人生充满活力的方法。